Sitzungsberichte

der

Bayerischen Akademie der Wissenschaften

Mathematisch-naturwissenschaftliche Abteilung

Sonderabdruck aus Jahrgang 1929

Kritisch-historische Bemerkungen zur Funktionentheorie

II. (mit Nachtrag)

von

Alfred Pringsheim

Vorgetragen in der Sitzung am 9. Februar 1929

München 1929

Verlag der Bayerischen Akademie der Wissenschaften

in Kommission des Verlags R. Oldenbourg München

DRUCKSCHRIFTEN

der

BAYER. AKADEMIE DER WISSENSCHAFTEN

seit 1910.

Die vor 1910 erschienenen Druckschriften sind in dem „Register zu den 50 Jahrgängen der Sitzungsberichte (1860—1910)" und in dem „Register der Abhandlungen, Druckschriften und Reden 1807—1913" zusammengestellt; bezüglich der nach 1910 erschienenen Druckschriften vgl. man auch den Verlagskatalog 1. Nachtrag (1910—1926).

Die mit A. bezeichneten Druckschriften sind in den Abhandlungen erschienen, alle übrigen, mit Ausnahme der gesondert ausgegebenen Festreden, in den Sitzungsberichten.

Berwald, L. Ueber die Flächen mit einer einzigen Schar zu einander windschiefer Minimalgeraden. 69 S. 1913. M. 1.20
— Ueber die algebraisch rektifizierbaren Kurven im Nicht-Euklidischen Raum. 18 S. 1916. M. —.40
Blumenthal, O. Zum Turbulenzproblem. 33 S. 1913. M. —.60
Bohr, H. Ein Satz über Dirichlet'sche Reihen. 6 S. 1913. M. —.20
Burkhardt, H. Die Untersuchungen von Cauchy und Poisson über Wasserwellen. 24 S. 1912. M. —.60
— Zur Theorie der Gammafunktion, besonders über ihre Darstellnug für große positive Werte des Arguments. 14 S. 1913. M. —.40
Carathéodory, C. Zusammenhang d. Theorie d. absol. optisch. Instrumente m. einem Satze d. Variationsrechnung. 18 S. 1926. M. —.80
Dyck, W. v. Ueber die singulären Lösungen einer Diff.-Gl. 1. O., insbes. die, welche zugleich partikuläre Integrale sind. 51 S. A. XXV. 1910. M. 2.—
— Ueber den Verlauf der Integralkurven einer homogenen Differentialgleichung 1. Ordnung. 49 S. A. XXVI. 1914. M. 2.—
— Neue Apparate zur mechan. Integration. 19 S. A. XXVI. 1914. M. —.80
— Nova Kepleriana. Wiederaufgefundene Drucke und Handschriften von Johannes Kepler. A. 1910, 1912, 1915, 1927.
Faber, G. Ueber den Hauptsatz aus der Theorie der konformen Abbildung. 10 S. 1922. M. —.30
— Ueber nach Polynomen fortschreitende Reihen. 22 S. 1922. M. —.60
— Abschätzung von Funktionen großer Zahlen. 20 S. 1922. M. —.60
— Beweis, daß unter allen homogenen Membranen von gleicher Fläche und gleicher Spannung die kreisförmige den tiefsten Grundton gibt. 4 S. 1923. M. —.20
Finsterwalder, S. Das Verhältnis d. bayer. z. preuß. Landestriangulation und die Lotabweichung in München. 18 S. 1914. M. —.40
— Der Zusammenschluß des preußischen und sächsischen Hauptdreiecksnetzes im Norden von Bayern. 20 S. 1914. M. —.40
— Ausgleichung des zukünftigen bayer. Hauptdreiecksnetzes. 11 S. 1915. M. —.40
— Flächenteilung m. kürzesten Grenzen. 39 S. A. XXVIII. 1916. M. 2.—
Föppl, A. Die Biegung einer kreisförmigen Platte. 36 S. 1912. M. —.80
— Lösung d. Spannungsaufg. f. Ausnahmefachwerk. 18 S. 1915. M. —.40
— Wissenschaft und Technik. 34 S. Festrede 1920. M. 2.—
Föppl, L. Wirbelbewegungen hinter einem Kreiszylinder. 1913. M. —.40
— Die Torsion runder Stäbe von veränderlichem Querschnitt. 19 S. 1921. M. —.60
— Neue Bemerkungen zur Kirchhoffschen Analogie zwischen Kreisel und elastischer Linie. 22 S. 1922. M. —.60
— Achsensymmetr. Ausknicken zylindr. Schalen. 14 S. 1926. M. —.60

Kritisch-historische Bemerkungen zur Funktionentheorie.

Von **Alfred Pringsheim.**

Vorgetragen in der Sitzung am 9. Februar 1929.

II. Über ein ziemlich kompliziertes Singularitäts-Kriterium und einen scheinbar sehr elementaren Satz.

1. Der Satz, um den es sich hier in letzter Linie handelt, lautet folgendermaßen:

Ist $\lim\limits_{\nu\to\infty} \dfrac{a_\nu}{a_{\nu+1}} = a$, *so hat die Potenzreihe* $\sum a_\nu x^\nu$ *die singuläre Stelle* $x = a$.

Bekanntlich genügt es im wesentlichen, einen derartigen Satz für den besonderen Fall $a = 1$ zu beweisen. Sind dann die a_ν überdies noch *reell*, so erscheint er geradezu als selbstverständlich. Denn, aus der Voraussetzung $\lim\limits_{\nu\to\infty} \dfrac{a_\nu}{a_{\nu+1}} = 1$, folgt zunächst, daß die a_ν zum mindesten von einer bestimmtenStelle ab gleiches Vorzeichen haben und daß daher nach dem ehemals „Vivanti'schen" Satz[1]) die Stelle $x = 1$ eine *singuläre* ist. Des weiteren legt ein Blick auf die binomische Reihe für $(1 - x)^c$ bei beliebig *komplexem* c die Vermutung nahe, daß dieses Ergebnis auch bei *komplexen* a_ν erhalten bleiben dürfte. Nichtsdestoweniger ist es bisher nicht gelungen, den Satz mit verhältnismäßig einfachen Mitteln und relativ spät, ihn überhaupt zu beweisen.

Fragt man zunächst nach dem Urheber des Satzes, so findet sich darüber eine (unbegreiflich) *falsche* Angabe in der bekannten Monographie des Herrn Hadamard: „*La série de Taylor et son prolongement analytique*" [Paris, 1901]. Es heißt dort nämlich auf

---

[1]) S. dieser Bericht, Jahrg. 1928, S. 343 ff..

S. 18/19 in deutscher Übersetzung folgendermaßen: „In gewissen einfachen Fällen wird die auf dem Konvergenzkreise gelegene singuläre Stelle gleich dem Grenzwerte von $\frac{a_m}{a_{m+1}}$. Herr Lecornu, der sich zuerst die Aufgabe gestellt hat, mit der wir uns im Augenblick beschäftigen, ist dazu geführt worden, diese Tatsache in Form eines allgemeinen Satzes auszusprechen. Herr Lecornu hat diesen Satz nicht streng (!)[1]) bewiesen. *Wir werden später sehen, daß er richtig ist.*“ Hadamard meint mit dieser letzten Aussage, wie aus seiner weiteren Auseinandersetzung unzweideutig hervorgeht, den oben an die Spitze dieser Mitteilung gestellten Satz, bei welchem aus der *Präexistenz* von $\lim_{\nu\to\infty} \frac{a_\nu}{a_{\nu+1}} = a$ auf die *Singularität* der Stelle $x = a$ geschlossen wird. Dagegen beabsichtigt Lecornu den folgenden *falschen*[2]) Satz zu beweisen: „Wenn auf dem Konvergenzkreise nur eine einzige singuläre Stelle existiert, so findet man dieselbe vermittelst des *Grenzwertes* $\lim \frac{a_m}{a_{m+1}}$“ (dessen *Existenz* hier also als *Folgerung* erscheint), und er „beweist“ ihn, indem er einen anderen *falschen* Satz zur Voraussetzung nimmt und auf dieser einen in sich fehlerhaften Beweis aufbaut.

Herr Lecornu scheidet also in diesem Zusammenhange vollständig aus. Im übrigen sagt Hadamard a. a. O. etwas weiter unten, *der fragliche Satz sei zuerst von Herrn Fabry*[3]) bewiesen worden, und faßt schließlich (p. 25) seine hierauf bezüglichen Betrachtungen in die folgenden zwei Aussagen zusammen:

---

[1]) Ironie oder Euphemismus? s. etwas weiter unten.

[2]) Daß dieser Satz *falsch* ist, hat zuerst Herr Hadamard gezeigt (a. a. O. S. 65, Gl. (47)). Setzt man z. B. $a_\nu = \sin(\lg \nu)$, so hat die Reihe $\sum a_\nu x^\nu$ auf dem Konvergenzkreise die *einzige* singuläre Stelle $x = 1$, während $\lim_{\nu\to\infty} \frac{a_\nu}{a_{\nu+1}}$ offenbar *nicht* existiert. Andere in gewissem Sinne noch einfachere Beispiele dieser Art hat Herr Faber angegeben: $a_\nu = \frac{\sin \pi \sqrt{\nu}}{\pi \sqrt{\nu}}$, $a_\nu = (\sin \pi \sqrt{\nu})^2$ (Math. Ann. 47 [1903]. S. 36).

[3]) In der Abhandlung: *Sur les points singuliers d'une fonction donnée par son développement en série et sur l'impossibilité du prolongement analytique dans des cas très généraux.* Ann. Éc. Norm. (3), 13 [1896], p. 267—309 (en particulier p. 275).

(A) *Er sei γ_n ein von n abhängiger Bogen und s die Anzahl der Zeichenwechsel, welche der reelle Teil a'_q von $a_q\, e^{-\gamma_n i}$ erleidet, wenn q von*[1]) $n - \lambda n$ *bis* $n + \lambda n$ *variiert. Wenn man γ_n so als Funktion von n wählen kann, daß für unendlich viele n die Größen $\frac{1}{n} \lg |a'_n|$ und $\frac{s}{n}$ gegen Null konvergieren, so ist die Stelle $x = 1$ eine singuläre.*

(B) *Dieser Satz beweist insbesondere die zuvor erwähnte Tatsache: Wenn der Grenzwert von $\frac{a_m}{a_{m+1}}$ existiert, so liefert er eine singuläre Stelle.*

Nun findet sich zwar das Singularitäts-Kriterium (A) an der in Fußn. 3, S. 96 zitierten Stelle der Fabry'schen Arbeit. Dagegen ist es mir *nicht* gelungen, in der letzteren irgend eine Andeutung des Satzes (B) zu entdecken. Ich möchte daher annehmen, daß er in Wahrheit von Hadamard herrührt, welcher andererseits Fabry den *Beweis* zuschreibt, weil ja dessen Hauptteil auf dem Kriterium (A) beruht. Freilich ist als Ergänzung dazu noch der (keineswegs so ganz einfache) Nachweis erforderlich, daß unter der Voraussetzung des Falles (B) *die Prämissen von* (A) *stets erfüllt sind* (worauf aber von Hadamard a. a. O. nicht eingegangen wird).

Was den Fabry'schen, etwas verwickelten und sogar nicht ganz einwandfreien Beweis des Kriteriums (A) betrifft, so hat gelegentlich Herr Faber darauf hingewiesen[2]), daß derselbe vermittelst seiner schon beim Beweise des sogenannten Fabryschen Lückensatzes mit Erfolg benützten, auf der Heranziehung einer Hilfsreihe von der Form $\sum g(\nu)\, a_\nu\, x^\nu$ beruhenden Methode sich vereinfachen läßt. Er fügt dann, ähnlich wie Herr Hadamard ohne weiteren Kommentar die Bemerkung hinzu: „Wenn nun $\lim\limits_{\nu \to \infty} \frac{a_\nu}{a_{\nu+1}} = e^{\beta i}$ existiert, so befindet man sich in den Voraussetzungen dieses Theorems[3]) und der Punkt $e^{\beta i}$ ist also ein singulärer".

Obschon hiernach für den Satz (B), von dem man wegen seiner lapidaren Einfachheit vermuten möchte, daß er schon längst

[1]) λ bedeutet eine feste positive, beliebig klein zu denkende Zahl.

[2]) Dieser Berichte Bd. 34 [1904], S. 74.

[3]) Des Kriteriums (A).

in jedem Lehrbuche der Funktionentheorie zu finden sein müßte, ein nach Möglichkeit vereinfachter und vollständig durchgeführter Beweis zunächst nicht existierte, so hat sich meines Wissens an diesem Zustand länger als weitere 20 Jahre nichts geändert. Es ist das Verdienst des Herrn Bieberbach in Bd. II seines Lehrbuches der Funktionentheorie [1927][1]) zuerst einen zusammenhängenden (übrigens nicht auf dem explicite formulierten Kriterium (A) beruhenden, sondern lediglich dessen Beweismittel, insbesondere die Faber'sche Methode benützenden) Beweis des Satzes (B) veröffentlicht zu haben. Wenn ich auch leider bekennen muß, denselben keineswegs restlos verstanden zu haben, so bin ich gern bereit, dieser Schuld gräßlicheres Teil auf meine Rechnung zu setzen. Da ich aber andererseits einigen Grund zu der Annahme zu haben glaube, daß das durchschnittliche Niveau der Leser eines solchen Lehrbuches das meinige nicht wesentlich übersteigen dürfte und ich überdies so mancherlei gegen die Bieberbach'sche Darstellung einzuwenden hätte, so hoffe ich immerhin keine ganz überflüssige Arbeit zu leisten, wenn ich im folgenden versuche, den fraglichen Beweis etwas mehr „*in usum delphini*" herzurichten. Ich halte es dabei für zweckmäßig, die Trennung der beiden oben mit (A) und (B) bezeichneten Bestandteile beizubehalten, da das Kriterium (A) mir auch unabhängig von der vorliegenden Anwendung einen prinzipiellen Wert zu besitzen scheint und ich diese Gelegenheit benützen möchte, um zu zeigen, wie dasselbe, in seiner jetzigen Isoliertheit etwas schwerfällig und fremdartig wirkend, sukzessive ganz natürlich aus dem einfachsten Kriterium dieser Gattung, dem ehemals „Vivanti'schen" Satze herauswächst[2]).

2. Auf Grund eines bekannten Singularitäts-Kriteriums[3]) ist die Stelle $x = 1$ allemal dann eine *singuläre* für die mit dem Konvergenzradius 1 versehene Reihe $\sum a_\nu x^\nu$, wenn:

---

[1]) S. 300/9: „Beweis eines Satzes von Fabry".

[2]) In dieser Hinsicht bildet die vorliegende Mitteilung eine direkte Fortsetzung der im vorigen Jahrgang S. 343—358 enthaltenen.

[3]) Dieser Berichte Jahrg. 1912, S. 82, Gl. (108). Auch wiedergegeben in: E. Landau, Darstellung und Begründung einiger neuerer Ergebnisse der Funktionentheorie [1916], S. 71.

$$
(1)\quad \left\{
\begin{aligned}
&\overline{\lim_{\lambda\to\infty}}\, |A_{p_\lambda}|^{\frac{1}{p_\lambda}} = 1\,, \\
&\text{wo:} \\
&A_{p_\lambda} = \sum_{-\vartheta p_\lambda}^{+\vartheta p_\lambda}{}^{\nu} \frac{p_\lambda!\; p_\lambda!}{(p_\lambda-\nu)!\;(p_\lambda+\nu)!}\, a_{p_\lambda+\nu} \\
&\quad = \sum_{(1-\vartheta)p_\lambda}^{(1+\vartheta)p_\lambda}{}^{\nu} \frac{p_\lambda!\; p_\lambda!}{(2p_\lambda-\nu)!\;\nu!}\, a_\nu \equiv \sum_{(1-\vartheta)p_\lambda}^{(1+\vartheta)p_\lambda}{}^{\nu}\, C_{p_\lambda,\nu}\, a_\nu .
\end{aligned}
\right.
$$

Dabei bedeutet ϑ einen positiven echten Bruch, etwa den reziproken Wert einer natürlichen Zahl $\Theta > 1$, (p_λ) eine unbegrenzte Folge beständig wachsender ganzer Multipla von Θ, die wir jetzt noch den Bedingungen unterwerfen wollen:

$$
(2)\qquad \frac{p_{\lambda+1}}{p_\lambda} > 2\,^{1)} \qquad (\text{z. B. } p_\lambda = 2^\lambda).
$$

Durch dieses verhältnismäßig schnelle Anwachsen der p_λ soll erzielt werden, daß *kein* Summand von A_{p_λ} in $A_{p_{\lambda+1}}$ vorkommt. Hierzu wäre zunächst *notwendig und hinreichend*, daß:

$$
(1-\vartheta)\,p_{\lambda+1} > (1+\vartheta)\,p_\lambda, \quad \text{also:} \quad \frac{p_{\lambda+1}}{p_\lambda} > \frac{1+\vartheta}{1-\vartheta} = 1 + \frac{2\vartheta}{1-\vartheta}.
$$

Es genügt daher schon umsomehr, $\vartheta \leqq \frac{1}{4}$ $\left(\text{also } \frac{2\vartheta}{1-\vartheta} < \frac{2}{3}\right)$ und die p_λ gemäß der Festsetzung (2) anzunehmen, damit das Gewünschte erreicht wird. Die Koeffizienten $C_{p_\lambda,\nu}$ in (1) sind bis auf den mittelsten, nämlich $C_{p_\lambda,p_\lambda} = 1$, *positive echte* Brüche (die, beiläufig bemerkt, bis zur Mitte beständig *wachsen*, sodann symmetrisch zur Mitte beständig *abnehmen*).

---

[1]) Man hat hiernach, wie für später hier angemerkt werden soll:

$$
\frac{p_{\lambda-1}}{p_\lambda} \leqq \frac{1}{2}
$$

$$
\frac{p_\varkappa}{p_\lambda} = \frac{p_\varkappa}{p_{\varkappa+1}} \cdot \frac{p_{\varkappa+1}}{p_{\varkappa+2}} \cdots \frac{p_{\lambda-1}}{p_\lambda} \leqq \left(\frac{1}{2}\right)^{\lambda-\varkappa}
$$

für jedes $\varkappa < \lambda$.

Schließlich sei noch daran erinnert, daß man *unter der Voraussetzung* $\overline{\lim\limits_{\lambda\to\infty}} \, |\Re(a_{p_\lambda})|^{\frac{1}{p_\lambda}} = 1$ auf Grund einer in der vorigen Mitteilung gemachten Bemerkung[1]) den Beweis auf die Reihe $\sum \Re(a_\nu) x^\nu$ beschränken und daher die Bedingung (1) auch durch die folgende ersetzen kann:

$$(1\text{a}) \qquad \overline{\lim_{\lambda\to\infty}} \, |\Re(A_{p_\lambda})|^{\frac{1}{p_\lambda}} = 1, \text{ wo: } \Re(A_{p_\lambda}) = \sum_{(1-\vartheta)p_\lambda}^{(1+\vartheta)p_\lambda}{}^{\nu} C_{p_\lambda,\nu} \Re(a_\nu),$$

oder auch, wenn $\Re(a_\nu) = a_\nu$ und $\overline{\lim\limits_{\nu\to\infty}} \, |a_{p_\lambda}|^{\frac{1}{p_\lambda}} = 1$:

$$(1\text{b}) \qquad \overline{\lim_{\lambda\to\infty}} \, |A_{p_\lambda}|^{\frac{1}{p_\lambda}} = 1; \text{ wo: } A_{p_\lambda} = \sum_{(1-\vartheta)p_\lambda}^{(1+\vartheta)p_\lambda}{}^{\nu} C_{p_\lambda,\nu} a_\nu.$$

Angenommen nun, es seien die a_ν innerhalb jeder einzelnen Teilsumme A_{p_λ} gleichbezeichnet, so hat man:

$$|A_{p_\lambda}| = \sum_{(1-\vartheta)p_\lambda}^{(1+\vartheta)p_\lambda}{}^{\nu} C_{p_\lambda,\nu} |a_\nu| > |a_{p_\lambda}|$$

und daher:

$$\overline{\lim_{\nu\to\infty}} \, |A_{p_\lambda}|^{\frac{1}{p_\lambda}} \geqq \overline{\lim_{\nu\to\infty}} \, |a_{p_\lambda}|^{\frac{1}{p_\lambda}} = 1.$$

Man gewinnt also unmittelbar die folgende wesentliche Verallgemeinerung des ehemals „Vivanti'schen“ Satzes:

Enthält die mit dem Konvergenzradius 1 *versehene Reihe* $\sum a_\nu x^\nu$ *eine unbegrenzte Folge von Teilsummen* $\sum\limits_{(1-\vartheta)p_\lambda}^{(1+\vartheta)p_\lambda}{}^{\nu} a_\nu x^\nu$ *von der Beschaffenheit, daß die* $a_\nu = \Re(a_\nu)$ *in jedem einzelnen dieser „Ausschnitte“ keinen Zeichenwechsel erleiden*[2]) *und* $\overline{\lim\limits_{\nu\to\infty}} \, |a_{p_\lambda}|^{\frac{1}{p_\lambda}} = 1$ *ist, so hat sie die singuläre Stelle* $x = 1$.

---

[1]) Dieser Berichte Jahrg. 1928, S. 357, Nr. 9.

[2]) Dabei kann das Vorzeichen der a_ν in *verschiedenen* Ausschnitten *verschieden* sein. Noch mehr: da ja nur die *Absolutwerte* $|A_{p_\lambda}|$ bzw. $|A_{p_\lambda}|$

3. Während bei dem vorstehenden Satze das Zeichenwechsel-Verbot, auf gewisse Ausschnitte der Reihe beschränkt, nur für die Zwischenräume gänzlich aufgehoben wird, so gestattet der folgende, freilich wesentlich umständlicher zu beweisende Satz das Auftreten von Zeichenwechseln auch innerhalb jener Ausschnitte, sofern nur die *Anzahl* der Zeichenwechsel in bestimmter Weise *beschränkt* ist. Er lautet:

Ist m_λ *die Anzahl der in den Ausschnitten* $\sum_{(1-\vartheta)p_\lambda}^{(1+\vartheta)p_\lambda}{}^{\nu} a_\nu x^\nu$ *vorkommenden Zeichenwechsel der* $a_\nu = \Re(a_\nu)$ *und besteht (wie zuvor) die Bedingung* $\overline{\lim_{\lambda\to\infty}} |a_{p_\lambda}|^{\frac{1}{p_\lambda}} = 1$, *so ist die Stelle* $x = 1$ *eine singuläre für die Reihe* $\sum a_\nu x^\nu$ *(mit dem Konvergenzradius* 1*) wenn:*

$$m_\lambda < p_\lambda .$$

Beweis. Der Beweis, der ja wieder von vornherein auf die Reihe $\sum a_\nu x^\nu$ beschränkt werden kann, beruht im Anschluß an die oben erwähnte Bemerkung des Herrn Faber auf der Heranziehung einer Hilfsreihe von der Form $\sum g(\nu) \cdot a_\nu x^\nu$, wo $g(y)$ eine für reelle y reelle ganze transzendente Funktion bedeutet, deren *Nullstellen* so gewählt sind, daß die in den Ausschnitten von $\sum a_\nu x^\nu$ vorhandenen Zeichenwechsel in den entsprechenden Ausschnitten von $\sum g(\nu) \cdot a_\nu x^\nu$ verschwunden sind.

Wegen: $\lim_{\lambda\to\infty} |a_{p_\lambda}|^{\frac{1}{p_\lambda}} = 1$ muß es unendlich viele λ geben, für welche $a_{p_\lambda} \neq 0$ ist. Sollte dies nicht für *alle* λ der Fall sein, so wollen wir im folgenden nur *solche* λ zulassen. Dabei steht es ohne Beschränkung der Allgemeinheit sogar frei: $a_{p_\lambda} > 0$ anzunehmen, da es sich ja in dem vorliegenden Zusammenhange schließlich immer nur um den *Absolutwert* von A_{p_λ} handelt und A_{p_λ} nach Bedarf auch durch $-A_{p_\lambda}$ ersetzt werden kann.

---

in Betracht kommen und diese unverändert bleiben, wenn man die Glieder mit einem gemeinsamen (übrigens mit λ auch beliebig veränderlichen) *Einheitsfaktor* multipliziert, *so gilt der vorliegende Satz auch unter der bezüglich der* a_ν *bzw.* a_ν *entsprechend erweiterten Voraussetzung.* Vgl. auch den Übergang des Satzes von Nr 3 zu demjenigen von Nr. 4 (S. 107).

Haben nun a_ν, $a_{\nu+1}$ für irgend ein ν entgegengesetzte Vorzeichen, so wollen wir sagen, es finde „*bei* $(a_\nu, a_{\nu+1})$“ ein *Zeichenwechsel* statt. Sind a_ν, $a_{\nu+2}$ von Null verschieden und von entgegengesetztem Vorzeichen, während $a_{\nu+1} = 0$, so sagen wir analog, es finde „*bei* $(a_\nu, a_{\nu+2})$“ ein *Zeichenwechsel* statt und entsprechend: „*bei* $(a_\nu, a_{\nu+\varrho})$“, wenn a_ν, $a_{\nu+\varrho}$ verschiedenes Vorzeichen haben und $a_{\nu+1} = a_{\nu+2} = \ldots = a_{\nu+\varrho-1} = 0$ ist.

Wir wählen nun die *Nullstellen* der zu bildenden ganzen Funktion $g(y)$ in folgender Weise. Findet bei $(a_\nu, a_{\nu+1})$ bzw. $(a_\nu, a_{\nu+\varrho})$ ein Zeichenwechsel statt und ist $\nu+1 \leqq p_\lambda$ bzw. $\nu+\varrho \leqq p_\lambda$, so machen wir die Zahl ν zu einer (einfachen) Nullstelle von $g(y)$; dagegen die Zahl $\nu+1$ bzw. $\nu+\varrho$, wenn $\nu \geqq p_\lambda$. Durch diese Festsetzung wird vermieden, daß jemals p_λ unter den *Nullstellen* von $g(y)$ vorkommen kann. Denn, findet bei $(a_{p_\lambda-1}, a_{p_\lambda})$ ein Zeichenwechsel statt, so wird nach obiger Vorschrift $p_\lambda - 1$ zur *Nullstelle*, während das letztere für $p_\lambda + 1$ gilt, wenn bei $(a_{p_\lambda}, a_{p_\lambda+1})$ ein Zeichenwechsel stattfindet[1]).

Zu den nach Voraussetzung innerhalb des Ausschnittes $\sum_{(1-\vartheta)p_\lambda}^{(1+\vartheta)p_\lambda}{}^{\nu}\, a_\nu x^\nu$ bzw. innerhalb der Summe A_{p_λ} vorhandenen m_λ Zeichenwechseln gehört eine Folge von m_λ ganzzahligen Indizes ν, etwa:

$$\nu_1^{(\lambda)},\ \nu_2^{(\lambda)},\ \ldots\ \nu_{m_\lambda}^{(\lambda)},$$

welche nach Maßgabe der gemachten Festsetzung zu *Nullstellen* von $g(y)$ bestimmt sind. Wir denken uns diese Zahlen, mit einem gewissen $\lambda = l$ beginnend, der Größe nach für $\lambda = l,\ l+1,\ l+2, \ldots\ldots$ in eine einzige unbegrenzte Folge geordnet und in dieser Anordnung mit:

$$q_1,\ q_2,\ \ldots\ q_\mu,\ \ldots\ldots$$

bezeichnet, sodaß also:

---

[1]) Steht von vornherein fest, daß bei a_{p_λ} weder links noch rechts ein Zeichenwechsel stattfindet, so wird die im Text angegebene „Vorsichtsmaßregel“ überflüssig, und man kann alsdann nach Belieben *durchweg* die im Text mit ν oder die mit $\nu+1$ bezeichneten Zahlen zu Nullstellen von $g(y)$ machen.

$$q_1 = \nu_1^{(l)},\ q_2 = \nu_2^{(l)},\ \ldots\ q_{m_l} = \nu_{m_l}^{(l)}$$

$$q_{m_l+1} = \nu_1^{(l+1)},\ q_{m_l+2} = \nu_2^{(l+1)},\ \ldots\ q_{m_{l+1}} = \nu_{m_{l+1}}^{(l+1)}$$

$$q_{m_{l+1}+1} = \nu_1^{(l+2)},\ \text{u. s. f.}$$

Um dem zur Darstellung von $g(y)$ dienlichen unendlichen Produkt die Konvergenz und ein noch näher zu bezeichnendes infinitäres Verhalten su sichern, ist vor allem der Nachweis erforderlich, daß $q_\mu > \mu$. Es gehöre q_μ zu einem durch irgend ein bestimmtes λ charakterisierten Reihen-Ausschnitt bzw. Komplex A_{p_λ}, so hat man zunächst:

$$\mu < m_l + m_{l+1} + \ldots + m_\lambda .$$

In Folge der Voraussetzung $m_\lambda < p_\lambda$ kann man setzen:

$$m_l < \varepsilon_l p_l,\ m_{l+1} < \varepsilon_{l+1} p_{l+1},\ \ldots\ m_\lambda < \varepsilon_\lambda p_\lambda,$$

wo (ε_λ) $(\lambda = l,\ l+1,\ l+2,\ \ldots\ldots)$ eine mit $\lambda \to \infty$ monoton nach *Null* konvergierende Folge bedeutet. Man findet daher:

$$\mu < \varepsilon_l p_l + \varepsilon_{l+1} p_{l+1} + \ldots + \varepsilon_\lambda p_\lambda$$

und, wenn noch $\left[\frac{\lambda}{2}\right] = \lambda'$ gesetzt wird:

$$(3)\quad \mu < \varepsilon_l (p_l + p_{l+1} + \ldots + p_{\lambda'-1}) + \varepsilon_{\lambda'} (p_{\lambda'} + p_{\lambda'+1} + \ldots + p_\lambda).$$

Andererseits hat man, da q_μ einen der innerhalb A_{p_λ} vorkommenden Indizes $\nu_1^{(\lambda)}, \nu_2^{(\lambda)}, \ldots \nu_{m_\lambda}^{(\lambda)}$ bedeutet, also jedenfalls *nicht kleiner* ist, als der Index des Anfangsgliedes von A_{p_λ}:

$$(4)\qquad q_\mu \geqq (1 - \vartheta) p_\lambda .$$

Durch Vereinigung von Ungl. (3) und (4) ergibt sich also:

$$\frac{\mu}{q_\mu} < \frac{1}{1-\vartheta}\left(\varepsilon_l\left(\frac{p_l}{p_\lambda} + \ldots + \frac{p_{\lambda'-1}}{p_\lambda}\right) + \varepsilon_{\lambda'}\left(\frac{p_{\lambda'}}{p_\lambda} + \ldots + \frac{p_{\lambda-1}}{p_\lambda} + 1\right)\right)$$

und mit Berücksichtigung von Fußn. 1 und Ungl. (2), S. 99:

$$\frac{\mu}{q_\mu} < \frac{1}{1-\vartheta}\left\{\varepsilon_l\left(\left(\frac{1}{2}\right)^{\lambda-l} + \ldots + \left(\frac{1}{2}\right)^{\lambda-\lambda'+1}\right) + \varepsilon_{\lambda'}\left(\left(\frac{1}{2}\right)^{\lambda-\lambda'} + \ldots + \frac{1}{2} + 1\right)\right\}$$

$$< \frac{1}{1-\vartheta}\left\{\left(\frac{1}{2}\right)^{\lambda-\lambda'} \varepsilon_l + 2\,\varepsilon_{\lambda'}\right\},$$

also schließlich, wegen: $\lim\limits_{\lambda\to\infty}\left(\frac{1}{2}\right)^{\lambda-\lambda'} = 0$, $\lim\limits_{\lambda\to\infty}\varepsilon_{\lambda'} = 0$ und $\mu\to\infty$ für $\lambda\to\infty$:

$$(5)\qquad \lim_{\mu\to\infty}\frac{\mu}{q_\mu} = 0,\ \text{anders geschrieben: } q_\mu \succ \mu .$$

Infolgedessen konvergiert also die Reihe $\sum\limits_1^\infty{}^\mu \frac{1}{q_\mu^2}$, und die mit den *einfachen Nullstellen* $\pm q_\mu$ versehene primitive ganze Funktion:

$$(6)\qquad g(y) \equiv \prod_1^\infty{}^\mu \left(1-\frac{y^2}{q_\mu^2}\right)$$

gehört *höchstens* dem *Minimaltypus* der Ordnung 1 an[1]) und genügt daher für alle hinlänglich großen $|y|$ einer Ungleichung von der Form:

$$(7)\qquad |g(y)| < e^{\varepsilon|y|}\ \text{(etwa für } |y| > \mathfrak{R}_\varepsilon).^{2)}$$

Sie genügt aber auch, wie aus einer von mir bei früherer Gelegenheit[3]) angegebenen Abschätzung hervorgeht, der Ungleichung:

$$(8)\qquad |g(p_\lambda)| > e^{-\varepsilon|p_\lambda|}\ \text{(für alle hinlänglich großen } \lambda),$$

sodaß durch Anwendung von Ungl. (7) auf $y = p_\lambda$ und Kombination mit Ungl. (8) sich schließlich ergibt:

$$(9)\qquad \lim_{\lambda\to\infty}|g(p_\lambda)|^{\frac{1}{p_\lambda}} = 1.$$

Bildet man jetzt die Hilfsreihe $\sum g(\nu)\,a_\nu\,x^\nu$ und setzt (nach Analogie der mit A_{p_λ} bezeichneten Summen):

$$(10)\qquad B_{p_\lambda} \equiv \sum_{(1-\vartheta)p_\lambda}^{(1+\vartheta)p_\lambda}{}^\nu\ C_{p_\lambda,\,\nu}\,g(\nu)\cdot a,$$

---

1) Vgl. Math. Ann. 58 [1901] S. 301, Fußn. u. S. 313.

2) Kann auch leicht direkt bewiesen werden, ohne auf das Zitat von Fußn. 1 zu rekurrieren: s. dieser Berichte Jahrg. 1912, S. 87/8.

3) A. a. O. der vorigen Fußnote, S 88—91. Man hat nur zu beachten, daß die Schlüsse, welche dort unter spezielleren Voraussetzungen bezüglich der mit p_ν, q_ν bezeichneten Zahlen gemacht werden, ihre Geltung behalten, wenn nur (p_ν), (q_ν) zwei den Bedingungen $p_\nu \succ \nu$, $q_\nu \succ \nu$ genügende ganzzahlige Folgen ohne gemeinsames Element bedeuten.

so *verschwinden* hier alle Glieder mit den Indizes $\nu = q_\mu$ (wo: $\nu_1^{(\lambda)} \leqq q_\mu \leqq \nu_{m_\lambda}^{(\lambda)}$), d. h. alle diejenigen Glieder, deren korrespondierende in A_{p_λ} einen Zeichenwechsel aufweisen. Andererseits erleidet beim Durchgange von y durch ein q_μ *ein* Faktor $\left(1-\frac{y^2}{q_\mu^2}\right)$ von $g(y)$ und somit $g(y)$ selbst einen Zeichenwechsel, und durch das Zusammenwirken dieser beiden Serien von Zeichenwechseln wird erreicht, daß alle nicht verschwindenden Glieder von B_{p_λ} *dasselbe* Vorzeichen besitzen (nämlich dasselbe, wie das Anfangsglied $a_{(1-\vartheta)p_\lambda}$).

Um dies etwas näher zu begründen, wollen wir (lediglich in dem vorliegenden Zusammenhange!) durch die Schreibweise:

$$P \parallel Q \quad \text{bzw.} \quad P \nparallel Q$$

anzeigen, daß die beiden reellen Zahlen P, Q *gleiches* bzw. *entgegengesetztes Vorzeichen* haben.

Angenommen, es finde nun bei einem (der ersten Hälfte von A_{p_λ} angehörigen a_ν) ein *vereinzelter* Zeichenwechsel statt, sodaß also:

$$\text{(I)} \qquad a_{\nu-1} \parallel a_\nu \nparallel a_{\nu+1} \parallel a_{\nu+2}$$

und daher:

$$g(\nu) = 0, \; g(\nu-1) \nparallel g(\nu+1) \parallel g(\nu+2).$$

Alsdann wird:

$$g(\nu)\cdot a_\nu = 0, \; g(\nu-1)\cdot a_{\nu-1} \parallel g(\nu+1)\cdot a_{\nu+1} \parallel g(\nu+2)\cdot a_{\nu+2},$$

und der Zeichenwechsel ist somit verschwunden.

Wird jetzt *zweitens* angenommen, daß auf a_ν *zwei konsekutive* Zeichenwechsel folgen, also:

$$\text{(II)} \qquad a_{\nu-1} \parallel a_\nu \nparallel a_{\nu+1} \nparallel a_{\nu+2} \parallel a_{\nu+3}$$

und daher:

$$g(\nu) = g(\nu+1) = 0, \quad g(\nu-1) \parallel g(\nu+2) \parallel g(\nu+3),$$

mithin schließlich:

$$g(\nu)\cdot a_\nu = g(\nu+1)\cdot a_{\nu+1} = 0,$$
$$g(\nu-1)\cdot a_{\nu-1} \parallel g(\nu+2)\cdot a_{\nu+2} \parallel g(\nu+3)\cdot a_{\nu+3},$$

sodaß also die beiden Zeichenwechsel verschwunden sind.

Ganz analog, wie im Falle (I), gestalten sich die Verhältnisse, wenn auf a_ν eine *ungerade* Anzahl $(2\varrho + 1)$ *konsekutiver* Zeichenwechsel folgt; analog, wie im Falle (II), bei einer *geraden* Anzahl (2ϱ). Man findet im *ersten* dieser Fälle:

$$g(\nu - 1) \cdot a_{\nu-1} \parallel g(\nu + 2\varrho + 1) \cdot a_{\nu+2\varrho+1},$$

im *zweiten:*

$$g(\nu - 1) \cdot a_{\nu-1} \parallel g(\nu + 2\varrho) \cdot a_{\nu+2\varrho},$$

während die *Zwischenglieder verschwinden.*

Durch wiederholte Anwendung dieser Schlußweise (mit $\nu = \nu_1^{(\lambda)}$ beginnend und mit der vorschriftsmäßigen Abänderung in der zweiten Hälfte von A_{p_λ}) ergibt sich die Richtigkeit der ausgesprochenen Behauptung.

Da überdies durch Kombination der über $|a_{p_\lambda}|^{\frac{1}{p_\lambda}}$ gemachten Voraussetzung mit Gl. (9) resultiert:

$$\overline{\lim_{\lambda\to\infty}} |g(p_\lambda) \cdot a_{p_\lambda}|^{\frac{1}{p_\lambda}} = \lim_{\lambda\to\infty} |g(p_\lambda)|^{\frac{1}{p_\lambda}} \cdot \overline{\lim_{\lambda\to\infty}} |a_{p_\lambda}|^{\frac{1}{p_\lambda}} = 1,$$

so findet man durch Anwendung des Satzes von Nr. 2 auf $\sum g(\nu) \cdot a_\nu x^\nu$, daß diese Reihe die singuläre Stelle $x = 1$ besitzt. Da andererseits nach einem bekannten Satze[1]) $\sum g(\nu) x^\nu$ *keine andere* singuläre Stelle als $x = 1$ besitzt, so folgt schließlich aus einem elementar beweisbaren Spezialfall[2]) eines allgemeineren Hadamard'schen Satzes über den Zusammenhang der Singularitäten von $\sum a_\nu b_\nu x^\nu$ mit denjenigen von $\sum a_\nu x^\nu$, $\sum b_\nu x^\nu$, daß die Stelle $x = 1$ auch eine singuläre für $\sum a_\nu x^\nu$ bzw. $\sum a_\nu x^\nu$ ist.

4. Da der Absolutwert von A_{p_λ} bzw. $A_{p_\lambda} \equiv \sum_{(1-\vartheta)p_\lambda}^{(1+\vartheta)p_\lambda}{}^{\nu} C_{\lambda,\nu} a_\nu$ ungeändert bleibt, wenn man jedes Glied der betreffenden Summe mit einem gemeinsamen Einheitsfaktor $e^{-\gamma_\lambda i}$ multipliziert (der mit λ variieren kann), so hat man:

$$|A_{p_\lambda}| = \left| \sum_{(1-\vartheta)p_\lambda}^{(1+\vartheta)p_\lambda}{}^{\nu} C_{p_\lambda,\nu} a_\nu e^{-\gamma_\lambda i} \right|. \tag{11}$$

Wenn nun die Voraussetzungen des vorigen Satzes (insbe-

[1]) Dieser Berichte Jahrg. 1912, S. 40, Nr. 6.

[2]) Ebendaselbst, S. 68.

sondere die Bedingung: $m_\lambda < p_\lambda$) nicht von vornherein, wohl aber für das umgeformte $|A_{p_\lambda}|$ von Gl. (11) erfüllt sind (wobei also $\Re(a_{p_\lambda} e^{-\gamma_\lambda i})$ an die Stelle von $a_{p_\lambda} \equiv \Re(a_{p_\lambda})$ tritt), so ergibt sich die folgende Verallgemeinerung jenes Satzes (das „Fabry'sche Kriterium (A)):

Ist $\overline{\lim\limits_{\nu\to\infty}} |a_\nu|^{\frac{1}{\nu}} = 1$ *und gibt es reelle Zahlen* γ_λ *von der Beschaffenheit, daß* $\overline{\lim\limits_{\lambda\to\infty}} |\Re(a_{p_\lambda} e^{-\gamma_\lambda i})|^{\frac{1}{p_\lambda}} = 1$ *und, wenn jetzt* m_λ *die Anzahl der Zeichenwechsel der Realteile in dem Reihenausschnitt* $\sum\limits_{(1-\vartheta)p_\lambda}^{(1+\vartheta)p_\lambda} {}^{\nu}\, a_\nu e^{-\gamma_\lambda i} x^\nu$ *bedeutet:*

$$m_\lambda < p_\lambda,$$

so hat die Reihe $\sum a_\nu x^\nu$ *die singuläre Stelle* $x = 1$.

5. Wie bereits auf S. 98 in Aussicht gestellt, beweisen wir jetzt mit Hilfe des vorstehenden Kriteriums den Satz:

Ist $\lim\limits_{\nu\to\infty} \frac{a_\nu}{a_{\nu+1}} = 1$[1]), *so hat die Reihe* $\sum a_\nu x^\nu$ *die singuläre Stelle* $x = 1$.

Beweis. Aus der Voraussetzung folgt zunächst, daß

$$\lim_{\nu\to\infty} |a_\nu|^{\frac{1}{\nu}} = 1$$

und zum mindesten von einer bestimmten Stelle ν ab durchweg:

$$a_\nu \neq 0 .$$

Es erscheint zweckmäßig, das Mittelglied a_{p_λ} des für den Beweis wiederum maßgebenden Ausdrucks:

$$A_{p_\lambda} = \sum_{(1-\vartheta)p_\lambda}^{(1+\vartheta)p_\lambda} {}^{\nu}\, C_{p_\lambda, \nu}\, a_\nu$$

durch gliedweise Multiplikation dieser Summe mit dem Einheits-

[1]) Der allgemeinere Fall $\lim\limits_{\nu\to\infty} \frac{a_\nu}{a_{\nu+1}} = a$, wo a beliebig komplex, wird mit Hilfe der Transformation $x = a\,y$ auf den vorliegenden zurückgeführt.

faktor $\frac{|a_{p_\lambda}|}{a_{p_\lambda}}$ *reell positiv*, nämlich $= |a_{p_\lambda}|$ zu machen. Setzt man zur Abkürzung:

$$(12) \qquad \frac{|a_{p_\lambda}|}{a_{p_\lambda}} \cdot A_{p_\lambda} = A'_{p_\lambda}, \qquad \frac{|a_{p_\lambda}|}{a_{p_\lambda}} \cdot a_\nu = a'_\nu, \qquad a'_\nu = |a_\nu|\, \mathfrak{e}_\nu,$$

sodaß also, wenn ν und eventuell auch $\nu+1$ auf die Intervalle $(1-\vartheta)\,p_\lambda \cdots (1+\vartheta)\,p_\lambda$ beschränkt wird,

$$(13) \qquad |A_{p_\lambda}| = |A'_{p_\lambda}|, \quad |a'_\nu| = |a_\nu|, \quad \lim_{\nu\to\infty} \frac{a'_\nu}{a'_{\nu+1}} = 1,$$

so wird:

$$(14) \qquad A'_{p_\lambda} = \sum_{(1-\vartheta)p_\lambda}^{(1+\vartheta)p_\lambda}{}^{\nu}\, C_{p_\lambda,\nu}\, a'_\nu = \sum_{(1-\vartheta)p_\lambda}^{(1+\vartheta)p_\lambda}{}^{\nu}\, C_{p_\lambda,\nu}\, |a_\nu|\, \mathfrak{e}_\nu$$

(wo speziell: $C_{p_\lambda,p_\lambda} |a'_{p_\lambda}|\, \mathfrak{e}_{p_\lambda} = |a_{p_\lambda}|$, $\mathfrak{e}_{p_\lambda} = 1$).

Man findet sodann $\left(\text{wegen: } \lim\limits_{\nu\to\infty} \frac{a'_{\nu+1}}{a'_\nu} = 1 = \lim\limits_{\nu\to\infty} \left|\frac{a'_{\nu+1}}{a'_\nu}\right|\right)$ zunächst:

$$(15) \qquad \lim_{\nu\to\infty} \frac{\mathfrak{e}_{\nu+1}}{\mathfrak{e}_\nu} = 1$$

also, wegen $|\mathfrak{e}_\nu| = 1$:

$$\lim_{\nu\to\infty} (\mathfrak{e}_{\nu+1} - \mathfrak{e}_\nu) = 0$$

und schließlich, wenn man mit $\widehat{\mathfrak{e}_\nu \mathfrak{e}_{\nu+1}}$ den *kleineren*[1]) die Punkte $\mathfrak{e}_\nu$ und $\mathfrak{e}_{\nu+1}$ verbindenden Bogen des Einheitskreises, übrigens ausdrücklich in der *Richtung* $\mathfrak{e}_\nu \to \mathfrak{e}_{\nu+1}$, mit $|\widehat{\mathfrak{e}_\nu \mathfrak{e}_{\nu+1}}| = |\widehat{\mathfrak{e}_{\nu+1} \mathfrak{e}_\nu}|$ dessen *absolute Länge* bezeichnet, als unmittelbare Folge von Gl. (15):

$$(16) \qquad \lim_{\nu\to\infty} |\widehat{\mathfrak{e}_\nu \mathfrak{e}_{\nu+1}}| = 0.$$

Hiernach kann, wenn die $\mathfrak{e}_\nu$ einem Ausdrucke von der Form (14) angehören (sodaß also: $(1-\vartheta)\,p_\lambda < \nu < \nu+1 \leq (1+\vartheta)\,p_\lambda$) gesetzt werden:

[1]) Der Grenzfall, in dem die beiden Teilbögen einander gleich werden, kommt in dem vorliegenden Zusammenhange niemals in Betracht.

(16a) $$|\widehat{e_\nu e_{\nu+1}}| < \varepsilon_\lambda,$$

wo (ε_λ) eine Folge niemals zunehmender, mit $\lambda \to \infty$ nach *Null* konvergierender positiver Zahlen bedeutet.

Um über die mögliche Verteilung der in irgend einem A'_{p_λ}, etwa für $\lambda \geq l$, enthaltenen e_ν einen Überblick zu gewinnen, wählen wir zum Ausgangspunkt das für $\nu = p_\lambda$ resultierende Mittelglied von A'_{p_λ} (s. Gl. (14)), also den Punkt $a'_{p_\lambda} = |a_{p_\lambda}|$ (mit dem Einheitsfaktor $e_{p_\lambda} = 1$). Mit Rücksicht auf Ungl. (16a) wird, bei einigermaßen beträchtlichem Kleinheitsgrad von ε_λ, im Anschluß an $e_{p_\lambda} = 1$ eine verhältnismäßig große Anzahl von Punkten $e_{p_\lambda \pm 1}$, $e_{p_\lambda \pm 2}$, ... der *rechten* Hälfte des Einheitskreises angehören, also *positive* Realteile besitzen. Sollte dies durchweg für alle A'_{p_λ} der Fall sein, so wäre damit nach dem Satze von Nr. 2 die singuläre Beschaffenheit der Stelle $x = 1$ bereits erwiesen. Das gleiche würde sich auf Grund des Satzes von Nr. 3 ergeben, wenn zwar *Zeichenwechsel* der $\Re(e_\nu)$ aber nur in Anzahlen $m_\lambda < p_\lambda$ vorhanden wären.

Im allgemeinen wird man aber damit rechnen müssen, daß die $\Re(a'_\nu)$ bzw. $\Re(e_\nu)$ *Zeichenwechsel* in einer die angegebene Schranke übersteigenden Anzahl aufweisen und daß hiernach unser nächstliegendes Ziel darin bestehen wird, ihre Anzahl ausreichend zu reduzieren, um die Anwendbarkeit des Satzes von Nr. 4 zu ermöglichen.

Nehmen wir zunächst einmal an, daß bei Verfolgung der dem Komplexe A'_{p_λ} angehörigen, auf dem Einheitskreise gelegenen Punkte e_ν, von $e_{p_\lambda} = 1$ anfangend über $e_{p_\lambda+1}$, $e_{p_\lambda+2}$, ... man zum *ersten* Male zu einem Punkte e_ν gelange, der, noch *vor* der Stelle i liegend, einen *jenseits* i liegenden Nachfolger $e_{\nu+1}$ habe, sodaß also $\Re(e_\nu) > 0$, dagegen $\Re(e_{\nu+1}) < 0$, mithin beim Übergange von e_ν zu $e_{\nu+1}$ zum *ersten* Male ein *Zeichenwechsel* eintrete[1]). Ein solcher wird sich dann wiederholen, so oft ein Bogen $\widehat{e_\nu e_{\nu+1}}$ die Stelle i *oder auch* $-i$ *im Innern* enthält oder, wie wir von

[1]) Sollte dieser Vorgang sich statt an der Stelle i an der Stelle $-i$ abspielen, so wäre nur die Ausdrucksweise entsprechend zu modifizieren.

jetzt ab sagen wollen, so oft der Punkt i oder $-i$ von einem Bogen $\widehat{\mathfrak{e}_\nu \mathfrak{e}_{\nu+1}}$ *überdeckt* wird.

In dieser Hinsicht ist aber auch noch *die* Eventualität zu berücksichtigen, daß z. B. $\Re(\mathfrak{e}_\nu) > 0$, sodann der Punkt $\mathfrak{e}_{\nu+1}$ *auf* i *fällt*, also $\Re(\mathfrak{e}_{\nu+1}) = 0$ zu setzen ist. Sollte hierauf wieder $\Re(\mathfrak{e}_{\nu+2}) > 0$ sein, so hat überhaupt *kein Zeichenwechsel* stattgefunden. Ist dagegen $\Re(\mathfrak{e}_{\nu+2}) < 0$ oder aber, um gleich den allgemeinsten Fall dieser Art anzunehmen, auch $\Re(\mathfrak{e}_{\nu+2}) = 0$ u.s.f., schließlich $\nu + \varrho$ (wo also $\varrho \geq 2$) der *erste* Index, für welchen $\mathfrak{e}_{\nu+\varrho} \neq i$ und zugleich $\Re(\mathfrak{e}_{\nu+\varrho}) < 0$, so wollen wir die Vereinigung der beiden Bögen $\widehat{\mathfrak{e}_\nu \mathfrak{e}_{\nu+1}}$, $\widehat{\mathfrak{e}_{\nu+1} \mathfrak{e}_{\nu+\varrho}}$ als einen einzigen „kombinierten" Bogen $\widehat{\mathfrak{e}_\nu \mathfrak{e}_{\nu+\varrho}}$ auffassen und können alsdann sagen: auch wenn die Stelle i oder $-i$ von einem solchen *kombinierten Bogen* überdeckt wird, so findet beim Übergange von dem einen *Endpunkt* zum *andern* ein *Zeichenwechsel* der zugehörigen Realteile statt.

Die Gesamtheit der Bögen $\widehat{\mathfrak{e}_\nu \mathfrak{e}_{\nu+1}}$, wie zuvor bereits begonnen, von $\nu = p_\lambda$ angefangen bis $\nu = (1 + \vartheta) p_\lambda - 1$, sodann diejenige der Bögen $\widehat{\mathfrak{e}_\nu \mathfrak{e}_{\nu+1}}$, wieder von $\nu = p_\lambda$ angefangen bis $\nu = (1 - \vartheta) p_\lambda + 1$ (*Gesamtzahl* $= 2\vartheta p_\lambda$) bildet einen *zusammenhängenden Weg* S_λ, der aus (verhältnismäßig kleinen) Teilbögen von Einheitskreisen bestehend, wenn man ihn jetzt in *einem* Zuge, von der Stelle $\nu = (1 - \vartheta) p_\lambda$ anfangend, nach schrittweise wachsenden Indizes bis $\nu = (1 + \vartheta) p_\lambda$ verfolgt, seine *Richtung* beliebig oft wechseln, sich selbst also *abteilungsweise mehrfach überdecken*, schließlich als *Belegung* eines als feste Unterlage zu denkenden *Einheitskreises* diesen selbst bei hinlänglicher Vergrößerung von λ *beliebig oft umlaufen und überdecken* kann. Bezeichnet man für $\lambda \geq l$ mit $|S_\lambda|$ die *gesamte Länge* dieses Weges, so folgt aus Ungl. (16a) und der Gesamtzahl $2\vartheta p_\lambda$ der einzelnen Bögen $\widehat{\mathfrak{e}_\nu \mathfrak{e}_{\nu+1}}$ (wo: $\nu = (1 - \vartheta) p_\lambda, \cdots (1 + \vartheta) p_\lambda - 1$):

$$(17) \qquad |S_\lambda| < 2\vartheta p_\lambda \varepsilon_\lambda.$$

Werden die Punkte i und $-i$ durch Teilbögen von S_λ in dem oben genau umschriebenen Sinne n'_λ- bzw. n''_λ-mal *überdeckt*, und setzt man:

$$n'_\lambda + n''_\lambda = n_\lambda$$

so ist n_λ *die Anzahl der in dem Ausdrucke* A'_{p_λ} *vorkommenden Zeichenwechsel der* $\mathfrak{R}(a_\nu)$. Um diese Art der Zählung noch etwas einfacher zu gestalten, indem wir sie von den *zwei* Punkten i und $-i$ auf den *einen* Punkt i konzentrieren, denken wir uns die gesamte S_λ-*Belegung* der *unteren* (von -1 *inkl.* bis $+1$ *exkl.* sich erstreckenden) Hälfte des festen Einheitskreises um 180^0 in der positiven Umlaufsrichtung gedreht, sodaß also auf jeden Punkt $\mathfrak{e}'$ des *oberen* Halbkreises außer seiner ursprünglichen Belegung diejenige des Punktes $\mathfrak{e}'' = -\mathfrak{e}'$ des *unteren* Halbkreises zu liegen kommt, insbesondere auf dem Punkte i die Belegungen von i und $-i$ vereinigt sind und somit die *Überdeckungszahl* n_λ *von* i jetzt die *Anzahl* der in Betracht kommenden *Zeichenwechsel* innerhalb A'_{p_λ} angibt. Wird die nunmehrige „*Doppelbelegung*" des oberen Halbkreises mit $\overline{S}_\lambda$ bezeichnet, so ist offenbar $|\overline{S}_\lambda| = |S_\lambda| < 2\vartheta p_\lambda \varepsilon_\lambda$.

Es sei jetzt γ eine *beliebig klein* anzunehmende positive Zahl und es bezeichne $\widehat{\gamma}$ den *Einheitskreisbogen* von der *Länge* γ, der sich vom Punkte i nach *links*, also bis zum Punkte $\mathfrak{e}^{(\gamma)} \equiv e^{(\gamma+\frac{\pi}{2})i}$ erstreckt. Zu jedem Punkte von $\widehat{\gamma}$ gehört — geradeso wie zum Punkte i — eine bestimmte *Überdeckungszahl.* Unter diesen Überdeckungszahlen (als einer *endlichen* Menge *ganzer* Zahlen) gibt es eine (von Null verschiedene) *kleinste* m_λ, eventuell könnten auch *alle* Überdeckungszahlen einen einzigen Wert m_λ besitzen. Die Gesamtlänge $|s^{(\gamma)}|$ der Teilbögen, welche die Überdeckung des Bogens $\widehat{\gamma}$ hervorbringen, muß also $\geqq m_\lambda \gamma$ sein, und man findet daher:

$$m_\lambda \gamma \leqq |s^{(\gamma)}| < |\overline{S}_\lambda| < 2\vartheta p_\lambda \varepsilon_\lambda, \qquad m_\lambda < \frac{2\vartheta}{\gamma} \varepsilon_\lambda p_\lambda,$$

als bei *beliebig kleinen*, aber *festgehaltenen* γ und $\lambda \to \infty$:

(18) $$m_\lambda < p_\lambda.^{1)}$$

Nun sei $\mathfrak{e}^{(\gamma_\lambda)} \equiv e^{(\gamma_\lambda+\frac{\pi}{2})i}$ (wo: $0 \leqq \gamma_\lambda \leqq \gamma$) ein dem Bogen $\widehat{\gamma}$ angehöriger Punkt mit der Überdeckungszahl m_λ. Wird dann das

---

1) Da diese Schlußweise auf jeden *beliebigen* und *beliebig kleinen* Bogen $\widehat{\gamma}$ des Einheitskreises angewendet werden kann, so folgt, daß daselbst in beliebiger Nähe jedes Punktes solche Punkte liegen, deren Überdeckungszahl m_λ der infinitären Beziehung (18) genügt, daß also diese Gattung von Punkten auf dem Einheitskreise *überall dicht* liegt.

gesamte aus den Punkten $\mathfrak{e}_\nu$ ($\nu = (1-\vartheta)p_\lambda \cdots (1+\vartheta)p_\lambda$) und ihren Verbindungsbögen bestehende System $\overline{S}_\lambda$ um den Bogen von der Länge γ_λ, der die Punkte $\mathfrak{e}^{(\gamma_\lambda)}$ und i verbindet, nach *rechts* gedreht, so erleidet jedes $\mathfrak{e}_\nu$, also auch jedes a'_ν (s. Gl. (12)) eine Änderung um den Faktor $e^{-\gamma_\lambda i}$, sodaß also der frühere Komplex (14), nämlich:

$$A'_{p_\lambda} \equiv \sum_{(1-\vartheta)p_\lambda}^{(1+\vartheta)p_\lambda}{}^{\nu} C_{p_\lambda,\,\nu}\, a'_\nu$$

in den folgenden:

$$A''_{p_\lambda} \equiv \sum_{(1-\vartheta)p_\lambda}^{(1+\vartheta)p_\lambda}{}^{\nu} C_{p_\lambda,\,\nu}\, a'_\nu\, e^{-\gamma_\lambda i} \tag{19}$$

übergeht.

Da nunmehr durch diesen Prozeß die Überdeckungszahl m_λ auf den Punkt i übergegangen ist, so gibt sie die *Anzahl der Zeichenwechsel* der $\Re(a'_\nu e^{-\gamma_\lambda i})$ innerhalb des Ausdrucks (19) an. Und da andererseits:

$$\overline{\lim_{\lambda\to\infty}}\, |\Re(a'_{p_\lambda} e^{-\gamma_\lambda i})|^{\frac{1}{p_\lambda}} = \lim_{\lambda\to\infty} \big|\, |a_{p_\lambda}|\, |\cos\gamma_\lambda|\,\big|^{\frac{1}{p_\lambda}} = 1, \tag{20}$$

so sind für die Reihe $\sum a'_\nu x^\nu$ die Voraussetzungen des Fabry-schen Kriteriums von Nr. 4 erfüllt, sie selbst und somit[1]) auch die Reihe $\sum a_\nu x^\nu$ hat also, wie behauptet, die *singuläre Stelle* $x=1$.

[1]) Vgl. Fußn. 2, S. 100.

Kritisch-historische Bemerkungen zur Funktionentheorie.

Von **Alfred Pringsheim.**

Vorgetragen in der Sitzung am 2. März 1929.

Nachtrag zu Nr. II dieser Bemerkungen.

1. Der im zweiten Teil der vorigen Mitteilung bewiesene Satz (s. S. 107) kann noch etwas prägnanter, als a. a. O. folgendermaßen ausgesprochen werden:

Die Beziehung

$$\text{(I)} \qquad \lim_{\nu \to \infty} \frac{a_\nu}{a_{\nu+1}} = 1$$

ist eine ***hinreichende*** *Bedingung dafür, daß die Reihe* $\sum a_\nu x^\nu$ *auf ihrem Konvergenzkreise* $|x| = 1$ *die singuläre Stelle* $x = 1$ *besitzt.*

Sicher ist dies die kürzeste, man darf sagen „klassische" Form des fraglichen Satzes. Dennoch verdient hervorgehoben zu werden, daß beim Beweise die Bedingung (I) bei weitem nicht vollständig in Anspruch genommen wurde (worauf Herr von Pidoll mich aufmerksam gemacht hat), daß vielmehr, wie leicht ersichtlich ist, nur die folgenden *zwei* aus (I) hervorgehenden Teilfolgerungen benützt worden sind:

$$\text{(a)} \lim_{\nu \to \infty} |a_\nu|^{\frac{1}{\nu}} = 1, \quad \text{(b)} \lim_{\nu \to \infty} \widehat{e_\nu\, e_{\nu+1}} = 0.$$

Was die *erste* dieser beiden Bedingungen betrifft, so folgt sie ja nach einem bekannten Cauchy'schen Grenzwertsatze aus der in (I) enthaltenen Beziehung: $\lim_{\nu \to \infty} \left| \frac{a_\nu}{a_{\nu+1}} \right| = 1$, bietet aber für die Auswahl der $|a_\nu|$ einen *wesentlich* weiteren Spielraum $\left(\text{z. B. } |a_\nu| = \nu^{(-1)^\nu}, \text{ also: } |a_{2\mu}| = 2\mu, \ |a_{2\mu+1}| = \frac{1}{2\mu+1}\right)$. Andererseits ist sie aber für die Sicherung der letzten Schlußfolgerung *unentbehrlich* (s. S. 112, Gl. (20)); denn, obschon man dort mit der Beziehung $\overline{\lim_{\lambda\to\infty}} |a_{p_\lambda}|^{\frac{1}{p_\lambda}} = 1$ auskommen würde, so ließe sich diese bei der vorliegenden Auswahl der p_λ nicht etwa schon aus $\overline{\lim_{\nu\to\infty}} |a_\nu|^{\frac{1}{\nu}} = 1$ erschließen.

Die *Unentbehrlichkeit* der gleichfalls in (I) enthaltenen Bedingung (b) bedarf keiner weiteren Erörterung. Ihrer geometrischen Fassung entkleidet, wird sie dargestellt durch die Beziehung:

$$\lim_{\nu\to\infty} \frac{\mathfrak{e}_{\nu+1}}{\mathfrak{e}_\nu} = 1,$$

und diese läßt sich, wegen:

$$\frac{a_\nu}{a_{\nu+1}} = \frac{a'_\nu}{a'_{\nu+1}} = \left|\frac{a_\nu}{a_{\nu+1}}\right| \cdot \frac{\mathfrak{e}_\nu}{\mathfrak{e}_{\nu+1}}, \quad \text{also:} \quad \frac{\mathfrak{e}_{\nu+1}}{\mathfrak{e}_\nu} = \frac{a_{\nu+1}}{a_\nu} \cdot \left|\frac{a_\nu}{a_{\nu+1}}\right|$$

durch die folgende ersetzen:

$$\text{(b')} \qquad \lim_{\nu\to\infty} \frac{a_{\nu+1}}{a_\nu} \cdot \left|\frac{a_\nu}{a_{\nu+1}}\right| = 1.$$

Hiernach gestattet der in Rede stehende Beweis seinem Ergebnis die folgende erweiterte Fassung zu geben:

Eine ***hinreichende*** *Bedingung dafür, daß die Reihe $\sum a_\nu x^\nu$ auf ihrem Konvergenzkreise die singuläre Stelle $x = 1$ hat, besteht in den Beziehungen:*

$$\text{(II)} \qquad \overline{\lim_{\nu\to\infty}} |a_\nu|^{\frac{1}{\nu}} = 1, \quad \lim_{\nu\to\infty} \frac{a_{\nu+1}}{a_\nu} \cdot \left|\frac{a_\nu}{a_{\nu+1}}\right| = 1,$$

welche insbesondere stets erfüllt sind, wenn:

$$\text{(I)} \qquad \lim_{\nu\to\infty} \frac{a_\nu}{a_{\nu+1}} = 1.\,^{1)}$$

2. Die Beziehung (I) erscheint also nicht einmal in dem vorstehenden Zusammenhange als eine *notwendige* Bedingung (sc. für die Singularität der Stelle $x = 1$). Daß sie es auch nicht ist, wenn $\sum a_\nu x^\nu$ auf dem Konvergenzkreise *noch andere* singuläre Stellen besitzt, darf als reichlich trivial gelten. Aber (worauf be-

[1]) Die *erste* der Bedingungen (II) ist ja eine bloße Folgerung von (I), während die *zweite* unter der Voraussetzung (I) in die Identität $1 = 1$ übergeht.

reits früher hingewiesen wurde)[1]) sie braucht selbst dann nicht erfüllt zu sein, wenn $x = 1$ die *einzige* singuläre Stelle auf dem Konvergenzkreise und zwar eine *wesentlich* singuläre ist. Nur wenn sie ein *Pol* beliebiger Ordnung, ist die Beziehung (I) allemal erfüllt, also in diesem Sinne eine *notwendige* Bedingung, die sich auch leicht zu einer *hinreichenden* vervollständigen läßt.

Für den einfachsten Fall, daß der fragliche Pol von der *ersten* Ordnung, hat man (im wesentlichen nach dem Vorgange von Hadamard)[2]):

$$\text{(III)} \begin{cases} \textit{Notwendige Bedingung:} & \lim\limits_{\nu \to \infty} \dfrac{a_\nu}{a_{\nu+1}} = 1, \\ \textit{Notwendig und hinreichend:} & \overline{\lim\limits_{\nu \to \infty}} \left| \dfrac{a_\nu}{a_{\nu+1}} - 1 \right|^{\frac{1}{\nu}} = \dfrac{1}{\varrho} < 1, \end{cases}$$

anders ausgesprochen, es genügt nicht, daß der fragliche Quotient den Grenzwert 1 besitzt, es muß die Annäherung mit einer Geschwindigkeit erfolgen, größer als diejenige, mit welcher $\left(\frac{1}{\varrho'}\right)^\nu$ (wo: $\varrho > \varrho' > 1$) für $\nu \to \infty$ gegen *Null* konvergiert[3]).

Ich behaupte nun zunächst, daß diese allgemein übliche Bedingungsform sich durch die folgende *einfachere* und, wie sich jetzt zeigen wird, *wesentlich zweckmäßigere* ersetzen läßt:

$$\text{(IV)} \begin{cases} \textit{Notwendige Bedingung:} & \overline{\lim\limits_{\nu \to \infty}} \, |a_\nu|^{\frac{1}{\nu}} = 1. \\ \text{Ergänzung zur } \textit{hinreichenden:} & \overline{\lim\limits_{\nu \to \infty}} \, |a_\nu - a_{\nu+1}|^{\frac{1}{\nu}} = \dfrac{1}{\varrho} < 1. \end{cases} \quad {}^{4})$$

Beweis. Die erste dieser beiden Bedingungen ist jedenfalls eine *notwendige*, denn sie ist das *Mindestmaß* derjenigen Bedingungen, welche aussagen, daß die Reihe den Konvergenzradius 1 haben soll, sie verlangt insbesondere *sehr* viel weniger, als die

---

1) S. S. 96, Fußn. 2.

2) *Essai sur l'étude des fonctions données par leur développement de Taylor.* Journ. de Math. (4), 8 [1892], p. 118.

3) Man bemerke, daß die *erste* der beiden Bedingungen (III), die lediglich „*notwendige*", auch weggelassen werden kann, da sie implicite in der *zweiten* enthalten ist.

4) Nach Bedarf, z. B. wenn $a_\nu = a_{\nu+1} = a$ hat man $\frac{1}{\varrho}$ durch 0 zu ersetzen.

frühere: $\lim\limits_{\nu \to \infty} \frac{a_\nu}{a_{\nu+1}} = 1$. Die *zweite* Bedingung hat große Ähnlichkeit mit der entsprechenden in (III), ist aber formal etwas *einfacher* und schon die verhältnismäßig geringe Abänderung wird sich späterhin als bedeutungsvoll erweisen. Ihre *Notwendigkeit* ergibt sich folgendermaßen: Soll die Stelle $x = 1$ ein *ein*facher Pol sein, so muß $(1 - x) \sum a_\nu x^\nu$ für eine gewisse Umgebung von $x = 1$ *regulär* sein, also schließlich auf dem ganzen Kreise $|x| = 1$ und im Innern eines Kreises $|x| < \varrho$, wo $\varrho > 1$, sich regulär verhalten. Da nun aber zunächst für $|x| < 1$:

$$(1) \qquad (1 - x) \sum_0^\infty{}^\nu a_\nu x^\nu = a_0 - \sum_0^\infty{}^\nu (a_\nu - a_{\nu+1}) x^{\nu+1},$$

so hat die rechtsstehende Reihe den Konvergenzradius $\varrho > 1$ und es besteht somit die zweite der Bedingungen (IV).

Wird jetzt umgekehrt die letztere zur *Voraussetzung* gemacht, so *konvergiert* die Reihe auf der rechten Seite von Gl. (1) für $|x| < \varrho$, also insbesondere (absolut und) *gleichmäßig* für eine gewisse Umgebung von $x = 1$. Man findet daher:

$$(2) \qquad \begin{aligned} &\lim_{x \to \infty} (1 - x) \sum_0^\infty{}^\nu a_\nu x^\nu = a_0 - \sum_0^\infty{}^\nu (a_\nu - a_{\nu+1}) \\ &= a_0 - \lim_{n \to \infty} \sum_0^{n-1}{}^\nu (a_\nu - a_{\nu-1}) = \lim_{n \to \infty} a_n = a, \end{aligned}$$

wo *a eine bestimmte, von Null verschiedene* Zahl vorstellt. Denn im Falle $a = 0$, also: $\lim\limits_{x \to \infty} (1 - x) \sum\limits_0^\infty{}^\nu a_\nu x^\nu = 0$ müßte die für $|x| < \varrho$ (wo $\varrho > 1$) *reguläre* Funktion $(1 - x) \sum\limits_0^\infty{}^\nu a_\nu x^\nu$ an der Stelle $x = 1$ eine *Nullstelle* mindestens von der *ersten* Ordnung haben, sodaß also $\sum a_\nu x^\nu$ an dieser Stelle und somit auf dem ganzen Konvergenzkreise $|x| = 1$ *regulär* wäre, was unmöglich ist. Somit ist die Stelle $x = 1$ wirklich ein *Pol* erster Ordnung. —

3. Aus Gl. (2) einschließlich der Feststellung $a \neq 0$ ergibt sich die Beziehung $\lim\limits_{\nu \to \infty} \frac{a_\nu}{a_{\nu+1}} = 1$ zwar als *notwendige* Bedingung in dem Sinne, daß sie allemal erfüllt ist, wenn die Stelle $x = 1$ als einzige Singularität auf dem Konvergenzkreise ein Pol von der Ordnung $m = 1$ sein soll, während sie doch bei dem vorstehenden

Beweis weder als Voraussetzung, noch sonst irgendwie in Betracht kommt. Zeigt sich schon hierin, daß die Bedingung $\lim_{\nu \to \infty} \frac{a_\nu}{a_{\nu+1}} = 1$ in dem vorliegenden Zusammenhange nur von sekundärer Bedeutung ist, so tritt das noch drastischer hervor bei der Behandlung der analogen Aufgabe für den Fall eines Pols von *beliebiger* Ordnung m. Der Versuch, die auf der Voraussetzung $\lim_{\nu \to \infty} \frac{a_\nu}{a_{\nu+1}} = 1$ beruhende Bedingungsform (III) *direkt* (d. h. ohne den Weg über die Form (IV) zu nehmen) auf diesen Fall zu übertragen, dürfte sich als völlig aussichtslos erweisen, während die Bedingungsform (IV) die gesuchte Lösung geradezu ganz mechanisch liefert, wenn man Gl. (1) in der Form anschreibt:

$$(3) \qquad (1-x) \sum_0^\infty {}^\nu a_\nu x^\nu = a_0 - x \sum_0^\infty {}^\nu \Delta^1 a_\nu \cdot x^\nu,$$

wo, wie üblich, gesetzt ist:

$$\Delta^1 a_\nu = a_\nu - a_{\nu+1} \; (\nu = 0, 1, 2, \ldots\ldots).$$

Setzt man allgemein für $\lambda = 2, 3, 4, \ldots$

$$(4) \qquad \Delta^\lambda a_\nu = \Delta^{\lambda-1} a_\nu - \Delta^{\lambda-1} a_{\nu+1},$$

so ist nach einer bekannten, übrigens leicht durch vollständige Induktion zu bestätigenden Formel der Differenzenrechnung:

$$(5) \qquad \Delta^\lambda a_\nu = \sum_\nu^{\nu+\lambda} {}^\mu (-1)^\mu (\lambda)_\mu a_\mu .$$

Multipliziert man jetzt Gl. (3) nochmals mit $(1-x)$, so folgt zunächst:

$$(1-x)^2 \sum_0^\infty {}^\nu a_\nu x^\nu = (1-x) a_0 - x \left\{ (1-x) \sum_0^\infty {}^\nu \Delta^1 a_\nu \cdot x^\nu \right\}$$

und hieraus durch Anwendung von Gl. (3), nachdem man daselbst a_ν durch $\Delta^1 a_\nu$, also $\Delta^1 a_\nu$ durch $\Delta^2 a_\nu$ ersetzt hat:

$$(1-x)^2 \sum_0^\infty {}^\nu a_\nu x^\nu = (1-x) a_0 - \Delta^1 a_0 x + \sum_0^\infty {}^\nu \Delta^2 a_\nu \cdot x^{\nu+2}$$

$$= g_1(x) + x^2 \sum_0^\infty {}^\nu \Delta^2 a_\nu \cdot x^\nu,$$

wo $g_1(x)$ eine ganze Funktion *ersten* Grades und speziell:

$$g_1(1) = -\Delta^1 a_0 .$$

Durch nochmalige Multiplikation der vorletzten Gleichung mit $(1-x)$ findet man analog:

$$(1-x)^3 \sum_0^\infty{}^\nu a_\nu x^\nu = g_2(x) - x^3 \sum_0^\infty{}^\nu \Delta^3 a_\nu \cdot x^\nu,$$

wo $g_2(x) \equiv (1-x) g_1(x) + \Delta^2 a_0 \cdot x$ eine ganze Funktion zweiten Grades und speziell:

$$g_2(1) = + \Delta^2 a_0.$$

Hiernach steht zu vermuten, daß allgemein:

$$(6) \qquad (1-x)^m \sum_0^\infty{}^\nu a_\nu x^\nu = g_{m-1}(x) + (-1)^m \cdot \sum_0^\infty{}^\nu \Delta^m a_\nu \cdot x^{\nu+m},$$

wo $g_{m-1}(x) \equiv (1-x) g_{m-2}(x) + (-1)^{m-1} \cdot \Delta^{m-1} a_0 \cdot x$ eine ganze Funktion $(m-1)$-ten Grades und speziell:

$$(7) \qquad g_{m-1}(1) = (-1)^{m-1} \cdot \Delta^{m-1} a_0,$$

wie sich leicht durch vollständige Induktion bestätigen läßt.

4. Dies vorausgeschickt ergibt sich jetzt als Übertragung des für $m=1$ in der Bedingungsform (IV) enthaltenen Satzes der folgende:

Ist $\overline{\lim\limits_{\nu\to\infty}} |a_\nu|^{\frac{1}{\nu}} = 1$, *hat also die Reihe* $\mathfrak{P}(x) \equiv \sum_0^\infty{}^\nu a_\nu x^\nu$ *den Konvergenzkreis* $|x| = 1$, *so besteht die notwendige und hinreichende Bedingung dafür, daß sie daselbst als einzige Singularität den Pol* m*-ter Ordnung* $x=1$ *besitzt, in der Beziehung:*

$$(8) \qquad \overline{\lim_{\nu\to\infty}} |\Delta^m a_\nu|^{\frac{1}{\nu}} = \frac{1}{\varrho} < 1,$$

mit dem Zusatz, daß m *die kleinste Zahl sein soll, für welche jener Grenzwert kleiner als* 1 *ausfällt.*

Beweis. Die Bedingung (8) ist jedenfalls eine *notwendige*. Denn, angenommen, es sei $x=1$ die einzige Singularität auf dem Kreise $|x| = 1$ und zwar ein *Pol* von der Ordnung m, so muß $(1-x)^m \mathfrak{P}(x)$ als Potenzreihe in x geordnet einen Konvergenzradius $\varrho > 1$ besitzen. Nun ist aber nach Gl. (6):

$$(9) \quad (1-x)^m \mathfrak{P}(x) = g_{m-1}(x) + (-1)^m \cdot \sum_0^\infty{}^\nu \Delta^m a_\nu \cdot x^{\nu+m},$$

und die *notwendige* (auch hinreichende) Bedingung dafür, daß die rechts stehende Reihe einen Konvergenzradius $\varrho > 1$ besitzt, besteht gerade in der Beziehung (8). Da übrigens gleichzeitig mit $(1-x)^m \mathfrak{P}(x)$ auch $(1-x)^{m+1} \mathfrak{P}(x)$ den Konvergenzradius $\varrho > 1$ besitzt, so erkennt man, daß aus der Existenz der Beziehung (8) für *irgendein* m diejenige *für jedes größere* m hervorgeht.

Nehmen wir jetzt die Gleichung (8) zur *Voraussetzung*, so ist dadurch die *Konvergenz* der Reihe auf der rechten Seite von Gl. (8) für $|x| < \varrho$ gesichert und damit zugleich die *Regularität* von $(1-x)^m \mathfrak{P}(x)$ an der Stelle $x = 1$, schließlich also auch diejenige von $\mathfrak{P}(x)$ auf dem ganzen Kreise $|x| = 1$ mit eventueller Ausnahme der Stelle $x = 1$. Zur Feststellung des Verhaltens von $\mathfrak{P}(x)$ für $x = 1$ findet man mit Benützung von Gl. (9):

$$\lim_{x \to 1} (1-x)^m \mathfrak{P}(x) = g_{m-1}(1) + (-1)^m \lim_{n \to \infty} \sum_0^{n-1} {}^{\nu} \Delta^m a_\nu,$$

also mit Berücksichtigung der Definitionsgleichung (4) für $\lambda = m$ und der Gleichung (7):

$$\text{(10)} \quad \begin{aligned} \lim_{x \to 1} (1-x)^m \mathfrak{P}(x) &= (-1)^{m-1} \Delta^{m-1} a_0 + (-1)^m \lim_{n \to \infty} (\Delta^{m-1} a_0 - \Delta^{m-1} a_n) \\ &= (-1)^{m-1} \lim_{n \to \infty} \Delta^{m-1} a_n . \end{aligned}$$

Um hieraus erschließen zu können, daß die Stelle $x = 1$ wirklich ein Pol m-ter Ordnung für $\mathfrak{P}(x)$, müßte noch festgestellt werden, daß:

$$\text{(11)} \qquad \lim_{n \to \infty} \Delta^{m-1} a_n \neq 0 .$$

Wäre nun $\lim\limits_{n \to \infty} \Delta^{m-1} a_n = 0$, also nach Gleichung (10) auch $\lim\limits_{x \to \infty} (1-x)^m \mathfrak{P}(x) = 0$, so müßte, da $(1-x)^m \mathfrak{P}(x)$ für $x = 1$ *regulär*, die Stelle $x = 1$ für $\mathfrak{P}(x)$ eine *Nullstelle* von irgend einer *ganzzahligen* Ordnung k (wo $1 \leq k < m$) sein. Dann wäre aber $\lim\limits_{x \to 1} (1-x)^{m-k} \mathfrak{P}(x)$ *endlich und von Null verschieden*, also die Stelle $x = 1$ für $\mathfrak{P}(x)$ ein Pol von der Ordnung $m - k$, und es müßte $\mathfrak{P}(x)$ einer Beziehung von der Form (8) genügen, in welcher $m - k$ an der Stelle von m steht. Mit anderen Worten, dann wäre m *nicht die kleinste* Zahl, für welche die Beziehung (8) besteht — entgegen unserer ausdrücklichen Voraussetzung. Damit ist der ausgesprochene Satz bewiesen.

5. Im Anschluß an die eben erwiesene Richtigkeit der Beziehung (11) kann man setzen:

(12) $\lim_{\nu \to \infty} \Delta^{m-1} a_\nu = \dot{a}$, d. h. *endlich und von Null verschieden.*

Daraus folgt:

$$\lim_{\nu \to \infty} \frac{\Delta^{m-1} a_\nu}{\Delta^{m-1} a_{\nu+1}} = 1 \tag{13}$$

(genau entsprechend der Beziehung $\lim_{\nu \to \infty} \frac{a_\nu}{a_{\nu+1}} = 1$ im Falle $m = 1$, wenn man $\Delta^0 a_\nu$ die Bedeutung von a_ν beilegt).

Diese Beziehung (13) steht aber keineswegs vereinzelt da. Vielmehr läßt sich zeigen, daß unter der in Bezug auf die Stelle $x = 1$ gemachten Voraussetzung, also schließlich unter den Voraussetzungen des Satzes von Nr. 4, für jedes ganzzahlige $\mu \leqq m - 1$ (einschließlich $\mu = 0$, wenn mann wieder $\Delta^0 a_\nu \equiv a_\nu$ setzt) die Beziehung besteht:

$$\lim_{\nu \to \infty} \frac{\Delta^\mu a_\nu}{\Delta^\mu a_{\nu+1}} = 1.$$

Infolge der bestehenden Voraussetzung, daß die Stelle $x = 1$ ein *Pol m-ter* Ordnung für $\mathfrak{P}(x)$, hat $(1 - x)^\mu \mathfrak{P}(x)$ daselbst einen Pol von der Ordnung $m - \mu$. Da sodann mit Benützung der Beziehung (9):

$$(1 - x)^\mu \mathfrak{P}(x) = g_{\mu-1}(x) + (-1)^\mu x^\mu \sum_0^\infty{}^\nu \Delta^\mu a_\nu \cdot x^\nu,$$

so hat auch $\sum_0^\infty{}^\nu \Delta^\mu a_\nu \cdot x^\nu$ den Pol *μ-ter* Ordnung $x = 1$ (überdies als einzige Singularität auf dem Kreise $|x| = 1$). Bezeichnet man den zugehörigen *Singulärteil* mit $\sum_0^{\mu-1}{}^\lambda \frac{c_\lambda}{(1 - x)^{\lambda+1}}$, so läßt sich dieser für $|x| < 1$ in eine Potenzreihe von folgender Form entwickeln:

$$\sum_0^{\mu-1}{}^\lambda \frac{c_\lambda}{(1 - x)^{\lambda+1}} = \sum_0^\infty{}^\nu g(\nu) x^\nu,$$

wo $g(\nu)$ *eine ganze Funktion* $(\mu - 1)$*-ten Grades von* ν (wie aus einem bekannten Satze folgt, übrigens auch unmittelbar durch Entwicklung der Binome $(1 - x)^{-(\lambda+1)}$ $[\lambda = 0, 1, \ldots \mu - 1]$ erkannt werden kann). Hiernach muß aber $\sum_0^\infty {}^\nu \Delta^\mu a_\nu \cdot x^\nu$ durch *Subtraktion* von $\sum_0^\infty {}^\nu g(\nu)\, x^\nu$ *regulär* werden für $x = 1$, schließlich also auf dem ganzen Kreise $|x| = 1$, sodaß für ein gewisses $\varrho > 1$ und $|x| < \varrho$ eine konvergente Entwicklung von der Form besteht:

$$\sum_0^\infty {}^\nu (\Delta^\mu a_\nu - g(\nu))\, x^\nu = \sum_0^\infty {}^\nu a'_\nu x^\nu, \quad \textit{wo:} \lim_{\nu \to \infty} a'_\nu = 0,$$

$\left(\text{übrigens sogar } \overline{\lim_{\nu \to \infty}} |a'_\nu|^{\frac{1}{\nu}} = \frac{1}{\varrho}\right)$ und somit, wie behauptet:

$$\lim_{\nu \to \infty} \frac{\Delta^\mu a_\nu}{\Delta^\mu a_{\nu+1}} = \lim_{\nu \to \infty} \frac{g(\nu) + a'_\nu}{g(\nu+1) + a'_{\nu+1}} = 1 \tag{14}$$

$$(\text{für } \mu = 0, 1, \ldots m-1).$$

Daraus folgt nach dem bekannten Cauchy'schen Grenzwertsatze, daß für $0 \leq \mu \leq m-1$:

$$\lim_{\nu \to \infty} |\Delta^\mu a_\nu|^{\frac{1}{\nu}} = 1, \tag{15}$$

insbesondere also für $\mu = 0$:

$$\lim_{\nu \to \infty} |a_\nu|^{\frac{1}{\nu}} = 1,$$

während die Voraussetzung des Satzes Nr. 4 *nur* $\overline{\lim_{\nu \to \infty}} |a_\nu|^{\frac{1}{\nu}} = 1$ verlangte, andererseits aber *keine einzige* der aus m-Gleichungen bestehenden Serie (14), deren jede einzelne nichtsdestoweniger wiederum als *notwendige* Bedingung dafür zu buchen wäre, daß die Stelle $x = 1$ ein Pol m-*ter* Ordnung und zugleich die einzige Singularität auf dem Kreise $|x| = 1$.

Im übrigen läßt sich, wenn wir nur die für $\mu = m-1$ resultierende, bereits oben als Gl. (13) aufgetretene *letzte* der obigen Bedingungen, also:

$$\lim_{\nu \to \infty} \frac{\Delta^{m-1} a_\nu}{\Delta^{m-1} a_{\nu+1}} = 1 \tag{13}$$

in die *Voraussetzung* aufnehmen, diese *allein* schon zu einer *notwendigen und hinreichenden* ergänzen, die dann mit Gl. (13) zusammen[1]) der im Falle $m = 1$ mit (III) bezeichneten Bedingungsform (s. S. 115) entspricht, bzw. für $m = 1$ in diese übergeht, nämlich:

$$(16) \qquad \overline{\lim_{\nu\to\infty}} \left| \frac{\Delta^{m-1} a_\nu}{\Delta^{m-1} a_{\nu+1}} - 1 \right|^{\frac{1}{\nu}} = \frac{1}{\varrho} < 1.$$

Wir zeigen zunächst, daß eine solche Beziehung, wenn sie für irgend ein bestimmtes m besteht, nicht gleichzeitig bei Ersetzung von m durch $m-1$ bestehen kann. Denn, angenommen, es wäre auch:

$$(16\text{a}) \qquad \overline{\lim_{\nu\to\infty}} \left| \frac{\Delta^{m-2} a_\nu}{\Delta^{m-2} a_{\nu+1}} - 1 \right|^{\frac{1}{\nu}} = \frac{1}{\varrho'} < 1.$$

so hätte man (vgl. Fußn. 1):

$$\lim_{\nu\to\infty} \left| \frac{\Delta^{m-2} a_\nu}{\Delta^{m-2} a_{\nu+1}} \right| = 1, \text{ also auch: } \lim_{\nu\to\infty} |\Delta^{m-2} a_{\nu+1}|^{\frac{1}{\nu}} = 1,$$

und daher durch Multiplikation von (16a) mit der letzten Gleichung:

$$\overline{\lim_{\nu\to\infty}} |\Delta^{m-2} a_\nu - \Delta^{m-2} a_{\nu+1}|^{\frac{1}{\nu}} \equiv \overline{\lim_{\nu\to\infty}} |\Delta^{m-1} a_\nu|^{\frac{1}{\nu}} = \frac{1}{\varrho'} < 1,$$

im Widerspruch mit der Gl. (13), aus welcher ja folgen würde: $\lim_{\nu\to\infty} |\Delta^{m-1} a_\nu|^{\frac{1}{\nu}} = 1.$

Wird jetzt vorausgesetzt, daß die Stelle $x = 1$ die fraglichen Singularitäts-Eigenschaften besitze, so gilt ja der Satz von Nr. 4, also die Beziehung (8) und, wenn man diese in die Form setzt: $\overline{\lim_{\nu\to\infty}} |\Delta^{m-1} a_\nu - \Delta^{m-1} a_{\nu+1}|^{\frac{1}{\nu}} = \frac{1}{\varrho}$, durch *Division* mit der aus ihr hervorgehenden Gleichung $\lim_{\nu\to\infty} |\Delta^{m-1} a_{\nu+1}|^{\frac{1}{\nu}} = 1$ die Beziehung (16), welche hiernach als *notwendige* Bedingung für das Bestehen der gemachten Voraussetzung erkannt wird.

Wird umgekehrt angenommen, daß die Beziehung (16) für irgend ein bestimmtes m existiere, so geht sie durch *Multiplikation* mit der jetzt aus (13) hervorgehenden Gl.: $\lim_{\nu\to\infty} |\Delta^{m-1} a_{\nu+1}|^{\frac{1}{\nu}} = 1$

[1]) Dieselbe erweist sich schließlich wieder als entbehrlich, da sie in Gl. (16) implicite enthalten ist (vgl. Fußn. 3, S. 115).

in die Beziehung (8) über, die dann also für *dieses bestimmte* m besteht. Dieses m muß dann aber das *kleinste* sein, für welches die Beziehung (8) möglich ist. Denn gäbe es ein oder mehrere kleinere m', welche die gleiche Eigenschaft besitzen, so müßte (nach der Bemerkung am Schlusse von Absatz 1 des Beweises in Nr. 4) die Zahl $m - 1$ unter diesen m' vorkommen. Bestünde nun aber Gl. (8) bei Ersetzung von m durch $m - 1$, so würde auf Grund der zuvor angewendeten Schlußweise das nämliche für Gl. (16) gelten, was ja soeben als *unmöglich* erwiesen wurde. Somit ergibt sich, daß Gl. (16) eine *hinreichende* Bedingung für die besonderen Singularitäts-Eigenschaften der Stelle $x = 1$ darstellt.

Nichtsdestoweniger ist sie durch die zuvor in Gl. (8) dargestellte überflüssig geworden — dies umsomehr, als die Überlegenheit des letzteren in Bezug auf formale Einfachheit, man darf wohl sagen „Eleganz", sofort in die Augen fällt, weit stärker, als am Ausgangspunkt unserer Betrachtungen, dem Falle $m = 1$. Ich hielt es aber für nützlich, sie einmal herzuleiten, weil sie als direkte Verallgemeinerung des „Hadamard'schen" Kriteriums (III) erscheinend, dennoch ihre Provenienz aus unserer Bedingungsform (IV) nicht verleugnen kann und es sich daher, wie bereits in Nr. 2 und 3 angedeutet wurde, empfehlen würde, diese letztere im Falle $m = 1$ als die eigentliche *Grundform* des betreffenden Kriteriums anzusehen.

Anmerkung zu Nr. I dieser Mitteilungen (s. Jahrgang 1928, S. 343ff.):

Die a. a. O. S. 357, Nr. 9 von mir gemachte Aussage, daß der daselbst bewiesene Satz über eine *notwendige und hinreichende* Bedingung betreffs der Singularität der Stelle $x = 1$ für eine *Potenzreihe* bisher *niemals ausgesprochen zu sein scheine*, ist zwar dank dem von mir gemachten Zusatz: *„soviel mir bekannt ist"* für ewige Zeiten unangreifbar. Ja, dem *Wortlaute* nach ist bis jetzt auch keinerlei Einwendung gemacht worden. Anders dem *Sinne* nach. Ich bin nämlich darauf aufmerksam gemacht worden, daß der fragliche Satz in einem auf *Dirichletsche Reihen* bezüglichen, von Herrn Otto Szász bewiesenen (Math. Ann. 85 [1922], S. 100, § 1, *Hilfssatz*) *im wesentlichen enthalten* sei; daß dieser außerdem (a. a. O. S. 101, Fußn. 5) das Analogon des

Dienes'schen Potenzreihen-Satzes für *Dirichletsche* Reihen daraus gefolgert habe.

Immerhin möchte ich annehmen, daß das überaus bescheidene Verdienst, den fraglichen, nahezu selbstverständlichen Satz in Bezug auf *Potenz*reihen, übrigens in noch etwas prägnanterer Form, zuerst („soviel mir bekannt ist") ausgesprochen und auf die völlig schiefe Einstellung des Dienes'schen Satzes hingewiesen zu haben, hierdurch nicht wesentlich geschmälert wird.

Und ich möchte prinzipiell dazu bemerken, daß es mir nicht wohlgetan scheint, Sätze, die in der Lehre von den *Potenz*reihen nützlich sein können, lediglich hinter den entsprechenden für *Dirichletsche* Reihen geltenden zu verstecken. *Potenz*reihen lassen sich zwar als Abkömmlinge spezieller *Dirichletscher* Reihen auffassen, haben aber vor den *Dirichletschen* Reihen auch sehr wesentliche Eigenschaften voraus. Wichtige Sätze, die für *Potenz*reihen gelten, besitzen in der Theorie der *Dirichletschen* Reihen kein Analogon, voran der fundamentale Satz über die *notwendige* Existenz einer *singulären* Stelle auf dem *Konvergenzkreise*, der auf die *Konvergenzgrade* der *Dirichletschen* Reihen nicht übertragbar ist. Andererseits kann ein Beweis, der sich für *Potenz*reihen *direkt* relativ einfach gestaltet, für *Dirichletsche* Reihen sehr viel schwieriger ausfallen, sodaß es kaum empfehlenswert erscheinen dürfte, sein Vorbild auf *Potenz*reihen zu übertragen. Ein warnendes Beispiel dieser Art ist der Beweis, der sich in Bieberbach's Lehrbuch der Funktionentheorie, Bd. II, S. 301/6, für das sog. Hadamard'sche Singularitätskriterium[1]) findet.

[1]) Die dort gegebene Form geht aus dem Satze von S. 99, Gl.(1) durch infinitäre Abänderung der Koeffizienten hervor.

Graf, H. und Sauer, R. Ueber dreifache Geradensysteme in der Ebene. welche Dreiecksnetze bilden. 38 S. 1924. M. 1.—

— — Ueber bes. räuml. Geradenanordnungen derart, daß durch jeden Schnittpunkt gleichviele Gerade gehen. 64 S. 1926. M. 2.—

Hamburger, H. Bemerkungen zu einem Satze über die Riemannsche ζ-Funktion. 7 S. 1922. M. —.30

Haupt, O. Ueber die Entwicklung einer willkürlichen Funktion nach den Eigenfunktionen des Turbulenzproblems. 13 S. 1912. M. —.40

— Zur Juelschen Theorie der reellen, ebenen Kurven. 4. Ordnung. 8 S. 1925. M. —.40

Kneser, A. Die elementare Theorie der analytischen Funktionen und die komplexe Integration. 17 S. 1920. M. —.50

König, R. Weierstrass' „Abelsche Transzendenten" und ihre Weiterführung. 18 S. 1918. M. —.40

Kowalewski, G. Die Verwertung gemischter invarianter Flächenelemente zur Berechnung der Differentialinvarianten einer ebenen Transformationsgruppe. 13 S. 1922. M. —.40

Lagally, M. Ueber eine dem Lambertschen Problem der acht Punkte verwandte Aufgabe. 12 S. 1912. M. —.20

— Systeme von Potentialflächen und Stromflächen. 34 S. 1914. M. —.80

— Beweg. einzeln. Wirbel in strömend. Flüssigkeit. 56 S. 1914. M. 1.—

— Zur Theorie der Wirbelschichten. 29 S. 1915. M. —.60

— Ueber orthogonale Kurvensysteme in der Ebene. 24 S. 1919. M. —.40

— Ueber gewisse Verbiegungen der achsenaffinen Flächen, insbesondere der Flächen zweiter Ordnung. 11 S. 1919. M. —.20

— Ueber den Druck einer strömenden Flüssigkeit auf eine geschlossene Fläche. 18 S. 1921. M. —.40

— Ueber Klassen von Rotationsflächen mit längengleichen Haupttangenten-Kurven. 3 S. 1924. M. —.20

Landau, E. Neues Konvergenzkriterium für Integrale. 7 S. 1913. M. —.20

— Ueber Dirichlets Teilerproblem. 12 S. 1915. M. —.20

Liebmann, H. Zur Theorie der Elementvereine. 21 S. 1914. M. —.40

— Die C. Neumann'sche Konfigurationzkonstante. 8 S. 1914. M. —.20

— Liesche Geraden-Kugeltransform. u. Verallgem. 10 S. 1915. M. —.20

— Die angenäherte Ermittelung harmonischer Funktionen und konformer Abbildungen. 32 S. 1918. M. —.60

— Die Verbiegung von geschlossenen und offenen Flächen positiver Krümmung. 25 S. 1919. M. —.50

— Beiträge zur Inversionsgeometrie der Kurven. 16 S. 1923. M. —.50

Lindemann, F. Binäre kubische Formen und Dreiecksgeometrie in der komplexen Ebene. 15 S. 1919. M. —.40

— Ueber Flächen mit gemeinsamem sphärischen Bilde der Krümmungslinien. 10 S. 1921. M. —.30

— Zur Trigonometrie im nichteuklidischen Raume. 6 S. 1923. M. —.30

Lutz, J. Die allgem. Lösung d. Differentialgl.: $f_1(x,y)\,dx + f_2(x,y)\,dy = 0$, worin f_1 und f_2 allgemeine rationale ganze Funktionen vierten Grades bedeuten. 48 S. 1926. M. 1.40

Mittag-Leffler, O. Ueber die analytische Darstellung eines eindeutigen Zweiges einer monogenen Funktion. 56 S. 1915. M. 1.20

Mohrmann, H. Gewundene reelle Kurvenzüge beliebig hoher Ordnung ohne reelle Singularität. 8 S. 1916. M. —.20

— Die Minimalzahl der stationären Ebenen eines räumlichen Ovals. 3 S. 1917. M. —.20

Müntz, Ch. Aufbau der gesamten Geometrie auf Grund der projektiven Axiome allein. 38 S. 1912. M. —.80

Perron, O. Ueber das Verhalten von $f^{(\nu)}(x)$ für $\lim \nu = \infty$, wenn $f(x)$ einer linearen homog. Differentialgl. genügt. 28 S. 1913. M. —.60

Perron, O. Ueber die näherungsweise Berechnung von Funktionen großer Zahlen. 29 S. 1917. M. —.60

— Bemerkungen zur Algebra. 15 S. 1924. M. —.60

Polya, G. Neuer Beweis für die Produktdarstellung der ganzen transzendenten Funktionen endlicher Ordnung. 12 S. 1921. M. —.30

Pringsheim, A. Z. Theorie d. Heine'schen Reihe. 4 S. 1911. M. —.20

— Ueber einige funktionentheoretische Anwendungen der Euler'schen Reihentransformation. 82 S. 1912. M. 2.—

— Taylor'scher Lehrsatz f. Funktionen einer reellen Veränderlichen. 18 S. 1912. M. —.60

— Ueber eine charakteristische Eigenschaft sogenannter Treppenpolygone und deren Anwendung auf einen Fundamentalsatz der Funktionentheorie (mit Nachtrag). 40 S. 1915. M. —.60

— Ueber d. Weierstraß'sche Produktdarst. ganzer transzend. Funktionen u. über bedingt konverg. unendl. Produkte. 14 S. 1915. M. —.40

— Zur Theorie der unendlichen Kettenbrüche. 28 S. 1918. M. —.60

— Ueber sing. Punkte gleichmäß. Konvergenz. 12 S. 1919. M. —.40

— Element. Funktionentheorie u. komplexe Integrat. 28 S. 1920. M. 1.—

Rosenthal, A. Teilung der Ebene durch irreduzible Kontinua. 19 S. 1919. M. —.60

— Ueber Gebilde mit einzigem Ordnungsindex. 20 S. 1923. M. —.60

Sauer, R. Die Raumeinteilungen, welche durch Ebenen erzeugt werden, v. d. je vier sich in einem Pkt. schneiden. 15 S. 1925. M. —.80

— Flächen mit drei ausgezeichneten Systemen geodätischer Linien, die sich zu einem Dreiecksnetz verknüpfen lassen. 45 S. 1926. M. 2.—

Schmidt, M. Untersuchung regionaler und lokaler Bodensenkungen im oberbayer. Alpenvorland durch Feinnivellem. 28 S. 1914. M. —.60

— Neuberechn. d. Anschlusses d. südbayer. Dreieckskette an d. österr. Triangul. bei Salzburg u. scheinb. Verschieb. d. Hauptdreieckspunkte Watzmann u. Rettenstein. 18 S., 3 Taf. 1912. M. —.40

— Senkungserscheinungen an der Frauenkirche in München und Lageänderung von Hauptdreieckspunkten in Südbayern. 26 S., 1 Taf. 1915. M. —.60

— Westwanderung v. Hauptdreieckspunkten infolge neuzeitl. tekt. Bewegungen i. bayer. Alpenvorland. 14 S. 1920. M. —.40

Stäckel, P. Ueber die singulären Lösungen einer Differentialgleichung erster Ordnung mit zwei Veränderlichen, die zugleich partikuläre Integrale sind. 4 S. 1912. M. —.20

Szász, O. Ueber eine besondere Klasse unendlicher Kettenbrüche. 8 S. 1915. M. —.20

— Ueber nichtnegative trigonometr. Polygone. 14 S. 1917. M. —.40

— Ueber den Konvergenzexponenten der Fourierschen Reihen gewisser Funktionenklassen. 16 S. 1922. M. —.50

Volk, O. Zur Voß'schen Arbeit: Kurvennetze und Laplacesche partielle Differentialgleichungen. 15 S. 1924. M. —.60

— Bemerkung zu der Note: Ueber die Reihe $\sum_{n=0}^{\infty} |P_n(x)|$. 2 S. 1924. M. —.20

— Geradlinige rhombische Kurvennetze und Nachträgliche Bemerkungen dazu. 7 S. 1925. M. —.40

Voss, A. Ueber d. Transformation linearer Formen u. d. Lösung linearer Gleichungen. 26 S. 1915. M. —.60

— Zur Theorie der Kurven im Raume. 72 S. 1918. M. 1.60

— Zur Theorie der Kanalflächen. 16 S. 1919. M. —.40

— Zur Theorie der Raumkurven. 12 S. 1923. M. —.30

— Kurvennetze und Laplacesche partielle Differentialgleichungen. 1. 30 S. 1924. M. 1.— und 2. Ueber einen geometrischen Satz. 12 S. 1924. M. 6.—

Akademische Buchdruckerei F. Straub in München.

FSC
www.fsc.org
MIX
Papier | Fördert gute Waldnutzung
FSC® C083411

Zeitfracht Medien GmbH
Ferdinand-Jühlke-Straße 7
99095 Erfurt, Deutschland
produktsicherheit@kolibri360.de